复盘思维

人生进阶之法

陈瑞武◎著

中国纺织出版社有限公司

内 容 提 要

在人生的前行路途中，不断地复盘，才会避免可能出现的错误，才能够积累一切可以积累的经验，从而找到最合适的进阶之路，最终实现自我飞跃。

本书详细阐述了复盘思维中的众多因素，诸如失败、学习、努力、勤奋、时间等，从而全面地回顾最初的目标，反思中间出了什么问题，又为什么没做到，下次做时就可以吸取这一教训。利用复盘思维，不断地总结反思，才能实现自我成长。

图书在版编目（CIP）数据

复盘思维：人生进阶之法 / 陈瑞武著. --北京：中国纺织出版社有限公司，2020.12

ISBN 978-7-5180-7360-3

Ⅰ.①复… Ⅱ.①陈… Ⅲ.①人生哲学—通俗读物 Ⅳ.①B821-49

中国版本图书馆CIP数据核字（2020）第075969号

责任编辑：闫　星　　责任校对：韩雪丽　　责任印制：储志伟

中国纺织出版社有限公司出版发行

地址：北京市朝阳区百子湾东里A407号楼　邮政编码：100124

销售电话：010—67004422　传真：010—87155801

http://www.c-textilep.com

中国纺织出版社天猫旗舰店

官方微博http：//weibo.com/2119887771

三河市延风印装有限公司印刷　各地新华书店经销

2020年12月第1版第1次印刷

开本：880×1230　1/32　印张：7

字数：128千字　定价：39.80元

前言

preface

人生不如意十之八九，我们可以避免思维陷阱，利用复盘思维，达到转败为胜。俗话说："胜败乃兵家常事。"人们对于成功或失败，常常怀着一种顺其自然的心态。但一些人却不会这样，他们更容易陷入思维的怪圈而无法自拔。要想摆脱思维怪圈，就需要利用复盘思维，踏上人生进阶之路。

成长的路途之中，我们都会遇到困惑与痛点，但假如没有复盘思维，就只能自怨自艾。学会复盘，才能让这些发挥真正效力，才能实现提升的深层次目标，从而获得真正意义上的成长。那么，什么是复盘思维？复盘是一个围棋话语，也就是在大脑中模拟当时"走"的过程，进行重复的尝试，并且主动思考为什么要这样"走"，下一步应该怎么"走"才能够取得实质性的成绩。然而，在生活中，大部分人都不愿意复盘，他们认为这是一件很困难的事情，或者认为完全没有必要，内心深处总想要逃避这件事情，在主观上感觉十分痛苦，甚至认为自己根本不可能做到。逃避使得事情变得更加艰难了，在人们的潜意识里，就一直觉得这件事根本不可能做到。

真正的复盘思维，就是回顾目标，重演过程，分析原因，总结规律。复盘就是一个循环的过程，也是符合一切事物发展规律的。当我们回顾目标的时候，我们就会思考最初的目标是什么，并以此找到评判的标准；当我们重新演练时，对照最初的目标，不断回顾过程，最终得出结果，在这个过程中，我们就会反复思考哪些场景和细节是需要注意的；分析原因，就是与最初的目标相比，存在哪些缺陷，分析失败的原因，然后力求找到解决的办法；不仅如此，还需要总结规律，哪些方法继续进行，哪些方法需要停止，哪些方法需要找到更合适的、更恰当的，同时寻找方法，然后制订下一步的行动计划，从而避免重蹈覆辙。

作者

2020年1月

目录

contents

第1章 从失败中提取成功的因子

有时候，我们总是羡慕那些机遇好的人，但是，别人的机遇难道全部是运气带来的吗？恐怕并不是这样，有多少困难，有多大的忍耐力，就会收获多少丰硕的果实。成功者往往善于从失败中提取成功的因子。

最困难之日，就是离成功不远之日

爱默生曾说："困难，是动摇者和懦夫掉队回头的便桥，但也是勇敢者前进的踏脚石。"当困难来临，事实已经无法改变，这时候最重要的是以积极的心态面对，忍耐困难，学会在困难中发掘机遇。

罗斯福在参选总统之前被诊断出患了腿部麻痹症，医生对他说："你可能会丧失行走的能力。"罗斯福并没有被吓倒，反而微笑着说："我还要走路，而且我还要走进白宫。"机遇永远留给那些有准备的人，罗斯福不但走进了白宫，而且成为美国历史上唯一一位连任四届的总统。

扭转困难的密钥往往隐藏在我们没有注意的地方，假如我们能发现它、抓住它、利用它，那么，我们将有机会摆脱困境，获得成功。面对困难，智者眼里往往意味着这将是一个潜在的机遇，而愚者却对此无动于衷。

成功的人士从来不怕困难，面对困难，他们就像猎豹一般默默潜伏时刻准备着，伺机等待机遇，重拾成功。人生就是这样，越是在困难的时候，才越是抓住促进发展的绝佳时机，因为困难与机遇本是同在的。

格哈德·施罗德出生在一个工人家庭，小时候，父亲在远征苏联的战争中牺牲，施罗德兄妹五人与母亲相依为命。有一段时间里，他们住在一个临时搭建的收容所里，尽管母亲每天工作长达14个小时，但仍然不能满足家里的开支。年仅6岁的施罗德总是安慰母亲：“别着急，妈妈，总有一天我会开着奔驰来接你的。”

逐渐长大的施罗德进了一家瓷器店当学徒，后来又在一家零售店当学徒，1963年施罗德加入了社会民主党。在之后的10年里，他读完了中学，后来到哥廷根通过上夜大来攻读法律。大学毕业后，他获得了律师资格，成为一名律师，不久之后，他当选为社民党哥廷根地区青年社会主义者联合会主席。

在以后的日子里，施罗德一直活跃于德国政坛，46岁那年，施罗德再次竞选成功，成为下萨克森州州长，就在这一年，施罗德实现了儿时的愿望，开着银灰色奔驰轿车将母亲接走了。也许是因为儿时的苦难记忆，施罗德在人生的道路上丝毫不敢懈怠，8年之后，施罗德一举击败连续执政16年之久的科尔，当选为德国新总理。

童年时期的施罗德曾在杂货铺里当学徒，那时他常说的一句话是：“我一定要从这里走出去！”他成功了，而且，比自己想象中走得更远。虽然在成功的路上伴随着困难，但是，施罗德从来没有把困难当成一回事，儿时的记忆让他明白：自己必须牢牢抓住隐藏在困难中的机遇，不断地向前行。

有人曾说：“要么你去驾驭生命，要么是生命驾驭你，你的心态决定谁是坐骑，谁是骑师。”有一位农夫，由于勤劳发奋，善于经营，没过几年他就成了远近闻名的养牛专业户，但是，突如其来的一场大火导致了整个牛棚葬身火海，农夫一下子陷入了困境，悲痛之余他并没有放弃，而是到处筹集资金买了两头奶牛，不断地繁衍，仅仅用了几年的时间，他的奶业公司又发展了起来。

孟子说：“天将降大任于斯人也，必先苦其心志，劳其筋骨，饿其体肤，空乏其身，行拂乱其所为，所以动心忍性，曾益其所不能。”风雨之后，必是一道美丽的彩虹。

席勒曾说：“任何一个苦难与问题的背后，都有一个更大的祝福。”其实，伴随困难的除了祝福，还隐藏着无限的机遇。

在我们的人生道路上，会遇到许多困难，如果缺乏自信，会使畏惧之心蔓延开来，不仅抓不住机遇，反而会被困难吞噬。

生活是一道选择题，当你选择了忍耐，机遇就有可能会降临；但是，当你选择了放弃，机遇将永远放弃了你。没有经过困难的磨炼，就不会有未来的璀璨与辉煌。

在通往成功的路上，有荆棘，有鲜花，荆棘代表着困难，鲜花预示着机遇，只要你踏过了荆棘地，就会达到美丽的玫瑰园。

真正的恐惧来自于内心的无助感

人们将捕捉到的小象养在木桩圈出的土地内。小象小时候曾想过逃跑，但是，那时候它们力气还小，无论如何用力都对付不了木桩。时间久了，在小象内心深处就树立了一个牢固的信念：眼前的木桩是不可能被扳倒的。即使小象长大成为了大象，它已经有足够的力量去扳倒一棵大树，但仍却对圈禁它的木桩无能为力，这是一个奇怪的现象。

其实，这种现象就是“习得性无助”，通常是指动物或人在经历某种学习后，在情感、认知和行为上表现出消极的特殊心理状态。一旦沾染上“习得性无助”，人在内心会给自己筑起一道永远的墙，他们坚信自己无能，放弃了任何努力，最后导致失败。

美国心理学会主席塞利格曼曾做过这样一个实验：刚开始把狗关在笼子里，只要蜂音器一响，就给狗难受的电击。过一段时间后，在给狗电击前，先把笼门打开，这时狗不仅不逃而且不等电击就先倒在地上开始呻吟和颤抖，本来可以主动地逃避却绝望地等待痛苦的来临。塞利格曼把这种现象称为“习得性无助”，那么，在人身上是否也存在这一特性呢？

不久之后，塞利格曼进行了另外一个实验：他将学生分为三组，让第一组学生听一种噪声，这组学生无论如何也不能使噪声停止；第二组学生也听这种噪声，不过他们可以通过努力使噪声停止；第三组是对照，不给受试者听噪声。当受试者在各自的条件下进行一阶段的实验之后，又令他们进行了另一种实验。实验装置是一个“手指穿梭箱”，当受试者把手指放在穿梭箱的一侧就会听到强烈的噪声，但放在另一侧就听不到噪声。通过实验表明，能通过努力使噪声停止的受试者以及对照组会在“穿梭箱”实验中把手指移到另外一边；但那些不能使噪声停止的人仍然停留在原处，任由噪声响下去。这一系列实验表明“习得性无助”也会发生在人的身上。

习惯是一种自然，人们不自觉地沾染上习得性无助，就会有一种“破罐子破碎”“得过且过”的心态，而且，这种消极心态还有可能会感染他人。有的员工在给客户打电话的时候，电话还没有接通就开始说：“你们没有这个计划啊？那好，再见。”脸上没有失望的表情，似乎已经习以为常，即使上司告诉他“这个单子你去跟一下”，他也会无奈地表示：“跟了也没用，他们没兴趣的。”

这些都是生活中典型的“习得性无助”，也许他们就是我们的一个缩影。经常把“我不行”“我不能”挂在嘴边，这是一种愚蠢的做法。因为心理暗示的作用是巨大的，当自己在经受某个挫折时就断然给自己下结论“不行”，实际上是给自己一个消极的心理暗示，时间长了，你真的会习惯性地说“我不行”。

有一天，心理学教授罗伯特先生接到了一个高中女孩的电话，在电话里，女孩子带着沮丧的口吻重复着：“我真的什么都不行！”罗伯特教授感觉到她的痛苦与压抑，他亲切地询问：“是这样吗？”女孩好像对自己特别失望：“是的，我和同学的关系不好，大家都不喜欢我，我的学习成绩一般，老师也不正眼瞧我，妈妈把所有的希望都寄托在我身上，但我却无法满足她的愿望，我喜欢的男孩也不再喜欢我了，我已经感觉不到生活里的阳光了……”罗伯特教授追问：“那你为什么要打这个电话？”女孩继续说：“不知道，也许是想找个人说说话吧！”经过了一番交谈，罗伯特教授明白了女孩的问题——习得性无助，却又缺乏鼓励。假如一个人长时间在挫折里得不到鼓励与肯定，那真的会逐渐养成自我否定的习惯。

罗伯特教授这样告诉他的学生：“在我们的身边，可能也有许多人像这个女孩一样，在经历过挫折之后就觉得自己什么都不行，但是，我希望你们今后彻底打消这种念头，无论什么时候，在做任何事情之前，都不要急于否定自己。”

他们认定自己永远是一个失败者，无论怎样努力都无济于事，即使面对他人的意见和建议，他们还是以消极的心态面对生活。对于这样的心态，我们应该尽量避免，正确评价自我，增强自信心，让心坚强起来摆脱无助的境地。

人们常常在经历了一两次挫折之后，就好像失去了挫折免疫能力，他们对于失败的恐惧远远大于对成功的希望，由于怀疑自己的能力，使得他们经常产生强烈的焦虑，身心健康也受到影响。

失败是财富，是成功的前奏

爱默生曾说："每一种挫折或不利的突变，是带着同样或较大的有利的种子。"在失败的背后，往往隐藏着宝贵的经验与信念，事实上，失败是一笔不可缺少的财富。虽然，我们在遭遇挫折，面临失败的时候，都会产生一定程度的负面情绪，但是，如果自己长期深陷其中而不能自拔，失败就会成为你的代名词。

美国著名心理学家贝弗利·波特认为，当一个人在工作中的失败感大于他所取得的成就感时，就很有可能对自己的工作失去热情，而当这种失败感以一定的频率固定出现的时候，他就很容易对自己的工作产生倦怠。面对失败，我们需要做的并不是自甘堕落，自暴自弃，而是不断积累失败的经验，让失败成为一笔财富。

莎士比亚曾说："逆境使人奋进，苦尽才能甘来。"在人生道路上，成功没有巅峰，追求没有止境，短暂的荣誉往往会束缚人们前进的手脚，一时的辉煌往往会消减人们的斗志。而失败，让人痛心更催人奋进，既让人难堪更让人坚定，让人们在放弃时能鼓足勇气，想逃避时拾起自尊。失败是成功的前奏，失败是一笔财富，失败能够使人不断地反省自己，在逆境中奋进，在低谷中抓住机遇，不断冒险与尝试，最后采摘成功的果实。

和田一夫21岁那年，自己经营的位于静冈县热海市的蔬菜水果店被一场大火烧毁，和田一夫几乎失去了所有，但是，失败并没有让他放弃希望，他将烧成平地的100坪土地拿去做抵押，借钱买了块300坪的土地盖了一个超级市场，开创了日本八佰伴。超级市场在和田一夫的经营下，发展得越来越好，这时，和田一夫想带着自己的超级市场进军亚洲，而新加坡成为进入亚洲的起点。

1972年，和田一夫和日本野村证券公司第一次考察新加坡市场，然而，就在新加坡，他碰到了两件令自己苦恼的事情：由于新加坡租金太贵，完全超出了自己的预算；在新加坡期间，和田一夫无意中听到一位的士司机告诉他一段日本人杀害新加坡人民的国仇家史。对此，和田一夫说："对日本百货公司来说，70年代是一个必须面对历史的时代。"回到日本后，和田一夫告诉了董事们这两件事，结果董事们纷纷表示反对投资新加坡。但是，和田一夫明白"零售业成功的因素是要消费者口袋里装着钞票"，于是，20世纪70年代初期，和田一夫在新加坡开辟了第一个亚洲市场。1976年，受世界石油危机的冲击，巴西八佰伴被迫关门。通过这次教训，和田一夫领悟到："不该死守一个地方，要大胆调动资金，分散资产。"紧接着，八佰伴从东南亚"流通"到了我国台湾和香港地区以及内地。20世纪80年代末期至90年代初期，整个亚洲经济处于全盛时期，和田一夫的八佰伴集团在16个国家拥有了400多家百货公司，八佰伴集团坐上了世界零售业第一把交椅。

1997年，负责掌管日本八佰伴公司的和田一夫的弟弟，因被指控欺骗日本财政部而被法庭判定有罪，当时也判定和田一夫结束所有海外企业，回日本受审。当时，日本媒体称和田一夫将资金调动到中国，拖累了日本八佰伴。一夜之间，和田一夫变成了一个连累八佰伴股东和员工的罪人。这时，和田一夫做出了决定，宣布“自我破产”，交出所有财物，向企业界告别，搬到一个租来的房子里。

如今，和田一夫成立了“和田一夫企业咨询公司”，他的日常工作就是用电脑给许多企业家回答问题，为企业团体作演讲。同时，他以探讨自己的失败撰写了《从零开始的经营学》，这本书成为日本经典著作之一。对此，和田一夫这样说：“失败是我的财富，我想将这个企业咨询网络像当年八佰伴一样伸展到亚洲，甚至全世界。”

杰出的音乐家贝多芬在与外界声音隔绝之后，坚持音乐创作并获得了巨大的成功；只受过三年正规教育，被老师认定是一个智力迟钝的学生——爱迪生，在经过不懈的努力之后，成为最伟大的发明家之一。

失败并不可怕，只要你在失败中不断地积累经验，终究能将失败变成财富。关键是用积极的心态来面对。只要我们能改变心态，把每一次的失败都当作考验自己的机会，把它当作超越自己的一次机遇，那么，我们就不会沉浸在痛苦里，甚至感谢失败让我们看清了真相，获得了经验。失败会让人变得成熟，它是人生的一笔宝贵财富。

日本著名实业家原安三朗曾说："年轻时赚一百万的经验，并不能成为将来赚十亿元的经验，但损失一百万的经验，倒可以培养赚十亿元的经验，逆境是锻炼人才最好的机会。"

一个不能认识和接受失败的人，也无法看清楚成功的本质，从失败的教训中学到的东西，往往比从成功中学到的还要深刻。成功，总是在经历多次失败之后才姗姗来迟，正确面对失败，才是走向成功的重要素质和能力。

内心的强大，才是真正的强大

《哈利·波特》的作者J·K·罗琳在接受哈佛大学荣誉博士学位的演讲时说："人们有一个共识，那就是人可以从挫折中变得更聪明更强大，这句话意味着人从此对自己的生存能力有了更好的把握。如果没有苦难来考验你，那么你从来都不会真正懂得自己，懂得你处理各种关系的力量有多大。"

面对挫折，不同的人有不同的感受：意志坚强的人越是遭受挫折的打击，表现得越坚强；而内心总是充满畏惧的人，在遭受挫折的打击之后，表现得越来越怯弱，似乎挫折变得越来越强大。

有时候，挫折并没有加大，而是我们的心态变得畏惧了，那些内心畏惧者让容易克服的挫折变得强大起来。所以，为了战胜挫折，我们需要克服内心的畏惧，这样我们才能获得战胜挫折的力量。

有人说："挫折是一条欺软怕硬的走狗，你越是畏惧它，它就越威吓你；你越不把它放在眼里，它越对你表示恭顺。"因此，面对挫折，强者容易变得坚强，而弱者容易变得更软弱。

对于哈佛学子来说，他们都能够深深地体会到挫折、苦难，但是，他们从来不畏惧，也不相信眼泪，他们所拥有的是汗水与坚韧。

在生活中，挫折只会对那些内心畏惧的人耀武扬威，因为面对内心畏惧的人，挫折会越来越强大，最终，内心畏惧者在挫折面前只有失败。

瑟曼是哈佛大学里一名普通的学生，她从小就怕水，因此十分畏惧游泳课。

每次，瑟曼看着在水中游泳的朋友们，心里就会涌上一种不舒服的感觉，面对朋友的邀请，瑟曼只能说："我怕水，所以不想下水。"朋友们笑着怂恿："不要因为怕水，你就永远不去游泳……"看着朋友们像海豚一样在水中自由地嬉戏，瑟曼满是羡慕，但是，她觉得自己还是不够勇敢。

一个月后，朋友邀请瑟曼去温泉度假中心，瑟曼终于鼓起勇气下水了，但是，她还是不敢游到水深的地方。朋友鼓励她：“试试看，让自己灭顶，看会不会沉下去。”瑟曼大吃一惊：“你说什么？”内心畏惧的瑟曼摇了摇头，朋友亲自做了一次示范，在朋友的坚持下，瑟曼小试了一下，她发现朋友说得没错，这真是一种奇妙的体验。朋友笑着说：“看，你根本淹不死，为什么要害怕呢？”

尼采说：“当我们勇敢的时候，我们并不如此想，我们一点也不认为自己是勇敢的。”有时候，内心畏惧是源于我们总是不断地逃避问题，那些怯弱而畏惧的人通常都是这样。

其实，当我们试着去改变自己的内心，让自己内心变得强大起来的时候，我们会惊讶地发现，克服挫折不过如此，它容易得就像是跨过一道门槛。

但是，如果总是任由内心畏惧而不去改变，那么，我们将失去许多成功的机会，因为幸运总是降临在那些有着强大内心、坚韧精神的人身上。

内心畏惧的人常常表现为害怕困难，意志薄弱，惧怕挫折，内心异常脆弱。遇到了挫折，总是习惯性退缩或者消极抵抗，不愿意冒险，惊慌失措而不知怎么办才好。

其实，内心越是畏惧，挫折就会变得越来越强大；而内心越是强大，挫折就会变得不堪一击。我们要想成功地战胜挫折，首先应该战胜自己内心的畏惧，让自己变得强大起来，挫折与困难才会迎刃而解。

别让思想变成你的囚徒

宇宙万物中，没有一样东西像思想那样顽固。假如我们总是以既定的思维做事，即使闯入了死胡同也要撞得头破血流，最后我们将作茧自缚。一个人是否能够成功，关键在于自己的心态，认识自我，超越自我，但是不能脱离实际，必须以合情合理来确定自己的人生目标。而一个人在面对困难时所坚持的信念，要远比任何事情都重要，因为信念将决定命运。

身处逆境，我们要懂得适时变通，既有坚持，也需要适时放弃，因为做事灵活，懂得变通的人，总是能够赢得最后的成功。在逆境中，不切实际的坚持是愚蠢的，这样只会使自己在逆境中僵持得更久。所以，面对逆境，我们要懂得适时变通，丢掉不切实际的坚持。

美国威克教授曾经做过一个有趣的实验：他把一些蜜蜂和苍蝇同时放进了一只平放的玻璃瓶里，瓶底对着有光的地方，瓶口则对着暗处。结果，那些蜜蜂拼命地朝着有光亮的地方挣扎，最终因力气衰竭而死，而那些到处乱窜的苍蝇竟然溜出了瓶口。对此，威克教授告诉我们：“在充满不确定的环境中，有时我们需要的不是朝着既定方向的执着努力，而是在随机应变中寻找求生的路，不是对规则的遵循，而是对规则的突破。我们不能否认执着对人生的推动作用，但我们也应该看到，在一个经常变化的世界里，变通的行为比有序的衰亡要好得多。”

只知道不切实际坚持的蜜蜂最终走向了死亡，而懂得变通的苍蝇却生存了下来。执着与变通是两种人生态度，我们不能简单地说谁比谁更适合自己，但是，单纯的执着与变通都是不完美的，只有将两者结合起来才能达到成功。执着的精神令人敬佩，它可以使我们永远地坚持下去，如果这条路是正确的，那自然是最完美的结局；但是，如果这条路根本就是一条死路，无谓的坚持只会断送自己的美好前程，不妨灵活变通，丢掉不切实际的坚持，变通将使我们受益匪浅。

莎士比亚曾说：“别让你的思想变成你的囚徒。”当一个人的思想被禁锢的时候，他已经无法为自己寻找一条生路了。要想获得成功，我们就必须懂得变通，故步自封或一成不变只会将我们推进无法回头的境地。好像一艘在大海里航行的船只，如果它想要行驶到自己的目的地，那么就应该懂得见风使舵。纵观世界万物，它们因为变通而得以生存：为了适应大漠的风沙，仙人掌将叶子退化为刺；为了适应西北的狂风，胡杨扎根百米宽；为了适应海水的动荡，海带褪去了根须。

池田大作曾说：“权宜变通是成功的秘诀，一成不变是失败的伙伴。”在战胜逆境的过程中，最重要的事情就是必须注意转弯。成功路上，需要我们的坚持到底，但若是遇到了挫折与困难，懂得转弯和变通也同样重要，千万不能食古不化，固执己见，否则只会让自己离成功的目标越来越远。

威廉、约克和李维相约去美国淘金，当他们达到目的地以后，却发现比金子更多的是淘金者。面对这样的情况，威廉决定还是去淘金，过着劳苦而贫困的生活；约克发现了废弃在沙土中的银，开始了自己冶银的事业，很快就成了当地的富翁；李维决定卖耐磨的帆布裤，借以改造，创造了牛仔裤，创立了世界名牌Levi's。灵活的变通，让约克和李维都获得了成功，只有威廉坚持不切实际的想法，最后只能成为一事无成的人。

萧伯纳说："明智的人使自己适应世界，而不明智的人只会坚持要世界适应自己。"懂得变通，实际上就是以变化自己为途径，当我们改变不了处境，但我们却可以改变自己；即使改变不了过去，但我们却可以改变现在。在通往成功的路上，我们没有必要那么执着，既然前面的路行不通，那就走路边的小径吧。

变通并不是"背叛"执着，而是审时度势之后作出的正确选择。在前途茫然的时候，能够变通是一种理智；在误入歧途时，能够变通是一种智慧；在逆境中懂得变通，这是一种远离苦难的策略。

第2章 最灵敏的人也看不见自己的背脊

老子曰："知人者智，自知者明。"知人必先自知，因为不了解自己，也就无法了解别人。知人与自知，如比目鱼须相并而行，不可或缺其中任何一方面。王阳明在心学中倡导心理自修，自知而后知人，识人者不但尽可能了解别人，而且要充分了解自己，清醒地认识自己，只有知己方能知人。

越了解自己，就越了解世界

先说自知，知之始己，自知而后知人。如果你想了解别人，那首先必须了解自己。一个人名声的好坏、能力的高低，是别人从事物的外表下的定义，根本就不是这个人的本质，自己真正的能力，只有自己心里最清楚。而我们所缺乏的就是自我认知的能力。只有清楚地认知了自己，才有可能获得成功的人生。然而，一个人最难认知的就是自己的内心，最难以回答的就是：我是谁？我想要的生活是什么？不过，当你清楚地认知了自己，就能够在这个世界上找到最基本的出发点，就能够去善待他人。

通过认知自己到孕育自己，这是一个美好的人生历程。自我认知是一种严谨的人生态度，自信而不自满，无论是春风得意还是失败困惑，我们依然保持最平常的心态。拿破仑一生战功赫赫，但在晚年却遭遇了"滑铁卢"的惨败，此时他依然贪恋富贵，企图复辟王朝，最终在绝望中死去。清楚地认知自己，需要我们摆脱一切外物的依赖，绝不做金钱或权力的奴隶。

再说知人，纵观古今中外，凡成大事者，无一不是察人心的高手。不能识风浪，就不能扬帆沧海；不能察鸟兽，就不能纵横山林；不能察人心，就不能左右逢源。也许，你能够在职场驰骋纵横、无往不胜，但是面对纷繁复杂的人际交往，却一样困惑、迷茫。在我们身边，没有人会完完全全地把自己呈现出来，他们将自己隐藏在面具后面，不过，其眼神、举动、行为、习惯，都会暴露其心理与性格。

歌德曾说过这样一句话："一个人要想成功，首先要视自己比实际的自己更伟大才行。"人生漫漫征途，在前进的旅程中，我们每一个人都要找准自己的位置，在生活这片蓝天里，给自己准确定位，让自己驰骋在最适合的领地。人活于世，每个人都有自己的价值，都是独一无二的自己，切不可因为在某方面逊色于别人而失去自我。当然，每个人都希望自己能够翱翔于蓝天，驰骋于大地，但是，在梦想开始放飞之前，我们需要清楚地认识自己，是否具有翱翔的能力，是否能够驰骋于大地。如果在没有了解自己的情况下就擅自定位，一旦梦想破灭，内心的失望是无法忽视的。另外，无法给自己准确定位，只会导致好高骛远或者内心自卑。每一个人都是特殊的个体，上帝赋予了我们独特的个性，只要我们走出盲目模仿别人的樊篱，找准自己的位置，人生将会变得丰富多彩。

每个人都想成为高大的树木，渴望矗立在高处俯瞰这个世界，但是，生活的现实与残酷却让我们成为一棵棵小草。与其他人相比，自己的生活显得那么不堪，于是，许多人觉得自己没有价值，或许将在庸庸碌碌中度过一生。其实，小草也有它的价值，当所有高大的树木都已经枯亡时，那一片绿意盎然的小草却绽放着最后的美丽。它们并不想成为高大的树木，它们深知自己的价值是什么，只想做它们自己，怀着这样一份希望，它们自然生机勃勃、春意盎然。如同小草一样，我们每一个人都有自己的价值，没有任何人或事能够取代我们，也没有任何人或事能够贬低我们，除非我们自己看轻了自己、自己贬低了自己。

奥格·曼蒂诺曾这样写道："我们的命运如同一颗麦粒，有着三种不同的道路。一颗麦粒可能被装进麻袋，堆在货架上，等着喂给家禽；有可能被磨成面粉，做成面包；还有可能撒在土壤里，让它生长，直到金黄色的麦穗上结出成百上千颗麦粒。人和一颗麦粒唯一的不同在于：麦粒无法选择是变得腐烂还是做成面包，或是种植生长。而我们有选择的自由，有行动的自由，更有心的自由。我们不该让生命腐烂，也不会让它在失败、绝望的岩石下磨碎，任人摆布。"悠悠生命历程里，我们要给自己准确定位，展现出自己的人生价值。

活着，我们就要学会善待自己，在失意时鼓励自己，在得意时勉励自己。在漫漫人生旅途中，我们无法避免偶尔的挫折与困难，但是，不管我们将受到什么样的打击，即使我们正在经历着痛苦、难堪，我们都不应该忽视了自己的价值，不要觉得自己一无是处，也不要妄自菲薄。以一份崇高的使命感，展现出自己的人生价值。

每个人都有属于自己的独特价值，我们应该接纳自己，准备定位人生。毕竟自身价值的大小并不在于他人的评价，而是在于我们给自己的定价。一个人的价值是绝对的，坚持自己，重视自己的价值，给自己成长的空间，每个人都会成为“无价之宝”，我们将告别平庸的人生。

认知自我是一种胜不骄败不馁的从容，需要冷静的思考，这样才有机会赢得最后的成功；认知自我是一种高度自立的洒脱的生活方式，看清生命的本真，创造出属于自己的人生价值；认知自我是一种高度责任心的反映，将勇气与真诚注入自己的言行中，认清前面的方向。所以，剖析内心，在忙碌之后不忘与自己做一次深入的交谈，从而拥有自我认知的能力。

我们不仅要对自己有很好的了解，更要对他人有一个较为详细的了解，所谓“知己知彼”，方能谋定而后动，百战不殆。大多数人对自己比较了解，但对他人却一知半解，在实际交往中，往往使自己处于被动。与人交往，就是一场心理战役，如何洞悉对方的心理、调动对方的情绪、引导他人的想法往往是交际得以成功的关键。

所谓知己，那就是对自己的了解。每个人，包括你自己，也无法做到对身边的任何一个人完全坦诚。当然，我们必须在清楚地了解自己的前提下，才能够对别人的真实想法进行猜测。这就需要你在交际的时候，要表露适当，既不要过分地表露自己，也不能把自己的内心封闭起来。

潜能无处不在，找对你的人生宝藏

每个人都拥有一座潜能的宝藏。其实，我们每个人都拥有自己的价值，在内心深处潜藏着巨大的潜在力量，它一直在等待我们去挖掘。这种价值一旦被发现了，将给我们带来无穷的信心和能量。许多人不明白自己的价值所在，他们也不知道自己到底具有多大的潜能，所以，谁也不知道自己到底会有多么伟大。

事实上，一个人的价值有时候是显现的，但在很多时候都是隐现的，而在每个人的身体里，都蕴藏着巨大的能量，这就是我们的价值所在。只要我们勇于去寻找真实的自我，激发出自己无穷的能量，就能够彰显自身的价值，这会让我们人生的每一刻都过得精彩。

一天夜里，小偷潜入了谈迁的家里，但是，小偷发现谈迁家里空荡荡的，根本没有什么值钱的东西。正当小偷失望而归的时候，他一眼瞥见了屋子角落里有一个锁着的竹箱，小偷如获至宝，以为里面装着值钱的财物，就把整个竹箱偷走了。其实，那个竹箱里并没有什么值钱的东西，而是谈迁刚刚写好的《国榷》，对小偷来说，这东西一文不值，而对谈迁来说，却是珍贵的书稿。

20多年的心血化为了乌有，这对谈迁来说，是一个致命的打击。他已经年过半百，两鬓花白，似乎无力坚持下去了。但是，谈迁没有放弃，他不断地鞭策自己：再写一本将会更精彩。在强大信念的支撑下，谈迁从痛苦中崛起，重新撰写那部史书。4年以后，又一部《国榷》诞生了，新写的《国榷》104卷，500万字，而内容比之前的那部更精彩、翔实，谈迁也因而名垂青史。

小偷在无意之间促使谈迁鞭策自己，重新撰写了《国榷》这部史书。或许，正是因为再一次的仔细撰写，使得《国榷》更精彩，而谈迁也因此名声大振。生活有时候就是这样，或是有意无意之间影响自己，然而，只要不停止对自己的激励，我们永远都有再站起来的那一天，成功从来不曾离我们而去。

美国学者詹姆斯根据自己的研究成果，得出了这样的结论："普通人只开发了他蕴藏能力的十分之一，与应当取得的成就相比较，我们不过是在沉睡，我们只利用了我们身心资源的很小的一部分，甚至可以说一直在荒废。"

许多年前，一位劳苦的牧羊人领着两个年幼的儿子以替别人放羊来维持生计。一天，他们赶着羊来到一个山坡，这时，一群大雁叫着从他们的头顶上飞过，并很快消失在远处。牧羊人的小儿子问他的父亲："大雁要往哪里飞？""它们要去一个温暖的地方，在那里安家，度过寒冷的冬天。"牧羊人说。他的大儿子眨着眼睛羡慕地说："要是我们也能像大雁一样飞起来就好了，那我就要飞得比大雁还要高，去天堂，看妈妈是不是在那里。"小儿子也对父亲说："做只会飞的大雁多好啊！那样就不用放羊了，可以飞到自己想去的地方。”

牧羊人沉默了一下，然后对两个儿子说：“只要你们想，你们也能飞起来。”两个儿子试了试，并没有飞起来。他们用怀疑的眼神看着父亲。

牧羊人说：“让我飞给你们看。”于是他飞了两下，也没飞起来。牧羊人肯定地说：“我是因为年纪大了才飞不起来，你们还小，只要不断努力，就一定能飞起来，去想去的地方。”

儿子们牢牢记住了父亲的话，并一直不断地努力，等他们长大以后果然飞起来了，他们发明了飞机，他们就是美国的莱特兄弟。

哲人说过，“梦想指引我们飞升”。莱特兄弟的成功靠的并不是一个梦想，而是在拥有梦想之后，为之坚持不懈地努力。他们几十年如一日，调动自己最大的激情和潜能，从自行车修理专卖店开始，一步步积累资金，并学习和研究前沿的机械制造技术，在一次又一次的试飞后，才实现了他们飞翔的梦想。

如果对自己感到失望而失去了生活的希望，那么，能够挽救自己的只有一个人，那就是自己。很多时候，我们希望上帝能救赎自己，甚至把自己的处境归结为被所有人抛弃了，其实，没有人能够抛弃自己，除非你已经抛弃了自己。当生活遭遇了挫折与困难的时候，我们唯一能做的就是勇敢向前，一步一步向自己的梦想靠近，最后，真的会成为自己想做的那个人。

你比你想象得更优秀。在现实生活中，也许我们会遭遇许多困难，导致一些问题没有能够得到解决。其实，问题本身没有太大的难度，而是我们把问题想得太复杂了，以至于我们不敢去面对它。如果仅仅是因为低估了自己的能力而失败了，那自然是得不偿失的。所以，相信自己，努力挖掘自己的潜能，为人生点缀出不一样的精彩！

低调做人，学会藏锋敛迹

一个人，无论是已经取得了成功还是尚未出师，都应该学会平稳谨慎，不要张扬，特别不能得意忘形而显露狂态。有的年轻人，初出茅庐，凭着自己的年轻气盛，过着张扬、招摇的生活，所以，那条通往成功的路也颇显艰难。当你得意忘形的时候，已经不知不觉地为自己树下了许多强敌，他们成为你路上的障碍，影响你的成功。而那些表面的弱者则为自己留了一条后路，他不会受到周围人的排挤，相反，他拥有不错的人际关系。他们总是默默地进行自己的事业，如果成功了就有翻身的机会，如果不成功也没有其他人知道，他依然是那个看起来不起眼的他，对身边的人构成不了任何威胁。

刘备表面的懦弱，却为自己赢来了蜀国霸业。人生本就是这样，道路有直有曲，才会到达山峰，才能成就未来。山涧里的小溪，只是点点滴滴，看起来那么弱小而普通，但它却能够避开岩石，顺着缝隙而下，最终汇入大海，展现出自己的价值。人又何尝不是呢？只有那些能屈能伸的人，才能赢得自己的人生。

杨修为人恃才放荡，数犯曹操之忌，杨修之死源于他的聪明才智。他本是一个绝顶聪明的人，而且才华横溢，但其才盖主，这就犯了曹操的大忌。当曹操无意间说了“鸡肋”，本来曹操就在苦闷，不知道该如何解脱，而杨修却做了一只出头鸟，捅破了那层薄纸，这无形之中就羞辱了曹操，这就是杨修致死的原因之一。

俗语曾说：“枪打出头鸟。”在一些场合，太过狂妄，必定是犯了时忌，或者无意间戳中别人的痛处，这样你就倒霉了。所谓“人怕出名猪怕壮”，人出名了，必会招来侧目而视，这就是惹祸的根由。所以，装作什么都不知道是最好的，善于发现自己的不足之处，做一只快乐而单纯的糊涂虫，让自己的生活模糊起来，让自己的人生五彩斑斓。

古人云：“弟子不必不如师，师不必贤于弟子。”王阳明主张一个人有了道德就可以作为典范，一个人有了一技之长就可以作为老师。每个人都有值得所称赞的长处，令人骄傲，但是，许多人习惯于以己之长来比他人之短，常常瞧不起其他人而满足于自己的现状。时间长了，别人都有所进步，他依然在原地踏步，这是为什么呢？事实上，我们要想不断地取得进步，就应该多看到别人的优点，想到人家的长处，再看看自己的短处，认真思考如何去弥补自己的不足之处，这样你才会不断地获得进步。有的人简单地认为那些各方面都比自己优秀的人，才是自己学习的对象。其实，这样的理解是有偏差的，每个人有长处也有短处，有可能别人的长处就是我们的短处，这很正常。

古人云："三人行，必有我师焉。"哪怕只是一个不起眼的人，他身上也有值得我们学习的地方，这样"择其善者而从之"，会让我们变短处为长处，在人生的道路上取得成功。我们要勇于剖析自身的不足，向他人学习，以他人之长比已之短，不满足于一知半解，乐于虚心向他人请教。当你懂得了学他人之长来补己之短，自己一定会成长得更快！

在我们身边并没有那种很完美的人值得我们去学习，我们只是需要在每一个人身上学得一个长处，那么，你就变得很优秀了。学习本无止境，我们要善于借他人之长，补己之短，这才是终身学习的方法。风筝本来没有翅膀，却是借东风之力飞上了天，当我们在学习的过程中，没有必要拘泥于自己的想法和偏见，一意孤行，而是要学习别人的长处，这样你才会有所进步。反之，那些拿己之长比他人之短的人，最终只会在原地踏步。

水因为太满会溢出来，人也一样，当一个人太自满了，只会令你丧失原有的价值，成功也会离你越来越远。

孔子是伟大的圣人，但他也提倡“不耻下问”，以此来弥补自己某些方面的不足，更何况是普通的我们呢？我们常说，骄傲使人落后，虚心使人进步。所以，无论你处于什么样的位置，都要学会“以他人之长比己之短”，促使自己不断地进步，最终获得成功。

自律的人，终将开挂

一个人，不管他有多么伟大或是多么顽固，都会存在着这样或那样的弱点，有着自己的软肋。一旦这样的弱点被他人击破，那我们自身将难以成功。而现代社会本来就是一个到处充满着诱惑、陷阱的社会，诸如金钱的诱惑、美色的诱惑、名利的诱惑、地位的诱惑、情感的诱惑，等等，在人性弱点的延伸下，我们往往会迷失自己。每个人都有弱点，欲望越多的人弱点越多，陷入深渊的可能性也就越大。

在成长的过程中，不断检查自己，不断反省自己，不断管理自己，就会减少自己身上的弱点。在未来的行程之中，我们就会少一些心灵上的纷扰，多一些自在。在人生的道路上，我们会面对各种不同的挑战，但是，对我们而言最大的敌人并不是别人，而是自己，我们更要勇于挑战自我。一旦发现自己的某些弱点比较突出，有可能对自己的人生造成影响，一定要紧急刹车，抵制人性弱点，这样我们才能重新上路，走向成功。

一个人想要征服世界，首先要战胜自己。在日常生活中，我们很容易就会陷入自我的泥潭而无法自拔，沾染上一些坏习惯，整个人变得颓废不堪。学坏总是那么容易，而要想学好却是难上加难，为了避免自己一不小心走“下坡路”，我们应该时刻警惕自己的行为，努力走向上坡，然后欣赏别样的风景。

孔子曰：“见贤思齐焉，见不贤而内自省也。”自省，其实就是通过自我意识来省察自己言行的过程，日省其身，有则改之，无则加勉。自省是自我意识能动性的表现，自然是一种行之有效的德行修养的方法。

子曰：“学而时习之，不亦说乎？有朋自远方来，不亦乐乎？人不知而不愠，不亦君子乎？”曾子曰：“吾日三省吾身：为人谋而不忠乎？与朋友交而不信乎？传不习乎？”对此，王阳明主张应在人世间寻求与他人契合，在求诸他人之时首先求诸自身：我是否做到了？以此感化世人，引导世人。

遇到失败或挫折，假如能像夏禹的伯启这样，虚心地检讨自己，马上改正有缺失的地方，那么最后的成功，一定是属于你的。一个人只有保持自省的习惯，才能了解自己，对自己进行正确的认识和评价，也只有这样，才能扬长避短，让自己的人生道路更宽阔。

自省是审视、反省自己，王阳明在静坐时通常会谨独：第一是分析，我有什么私欲；第二是目标，我要通过什么手段克制这些私欲；第三是信心，我要坚信自己能克制这些私欲；第四是毅力，一日不成就两日，两日不成就三日，不能半途而废；第五是心态，不能为克而克，更不能克制私欲的目的，一旦有这种心态，就会产生新的私欲；第六是学习，通过各种手段致良知，以良知的力量来帮助自己完成自我管理；第七是检验，当自己确定克制私欲之后，要去实践中检验；第八是反思，我为何会有这种私欲，这一私欲产生的基础是什么。只有这样一一反省到位，才不会犯同一错误。

能够时刻审视自己的人，一般很少犯错，因为他们会时时考虑：我到底有多少力量？我能干多少事？我该干什么？我的缺点在哪里？为什么失败了或成功了？保持自省的习惯，总能轻而易举地找出自己的优点和缺点，为以后的行动打下基础。

人只有不断自我反省，才能使自己不断进步。生活中，确实有很多人抱怨：“我每天都在努力工作，我甚至一刻都没有停下来过，但为什么如此努力却无法成功呢？”大多数的成功是内因起的作用，而失败也是因缺点而引起的，一个人必须懂得不断自我反省和自我总结，改正错误才能不断完善自己。也只有通过自省，时刻检讨自己，才能走出失败的阴影，从而走向成功的彼岸。

自省不等于自我批判，包括自我肯定。逆境时要自省，顺境时更要自省，在自省中总结过去，畅想未来。在自省时承认错误与过失，但切勿为此而哭泣。矫正过错之后，你仍可以坦然地继续向前迈进。

抵制人性的弱点，可以有效地管理好自己，而这当然需要极强的自制力，也就是用毅力控制爱好。比如，列宁就是一个自制能力极强的人，他在自学大学课程的时候，为自己安排了严格的作息时间表：每天早餐后自学各门功课；午餐后学习马克思主义理论；晚餐后适当休息一下再读书。本来列宁是很喜欢下棋的，一下起来就痴迷了。后来他感到这太费时间了，毅然戒了棋。当然，这只是一件生活中的小事，但凡事都是从小事开始，如果我们有毅力去改变自己生活中的一些小事，又何必担心不能抵制人性的弱点呢？

哲人说："贪图享乐是厄运的源头，克制好自己的欲望，做好自己的事情，才能平平安安地度过自己的人生之旅。"随时警惕自己的行为，不要让自己踏上贪图享乐之路，无论是欲成大事者，还是一个普通的人，我们都应该学会自制。

错误不可避免，但不可重复犯错

3000年前，所罗王曾说："我总是会犯错，我犯的错误不计其数。”有些人总是将自己的错误归咎给别人，实际上所有的错误差不多都是自己造成的，最应该批评的就是他自己。拿破仑被放逐到圣赫勒拿岛时说：“我的失败根本是我自己的责任，没有任何人的责任。我最大的敌人实际上是我自己，这也是造成我悲惨命运的关键原因。”生活中，有许多人会像拿破仑一样认识到自己的错误。

当达尔文刚刚完成其不朽的著作《物种起源》的时候，他已经预料到这个革命性的学说一旦公开发表必然会给整个宗教界乃至学术界带来震撼，所以，他花了15年来寻找自己的不足之处，不断进行自我批判，不断地向自己的理论挑战，批判自己的结论。所以，与其等着别人来批评我们或者批判我们的工作，倒不如自己严格要求自己，做自己最严格的批评者。

假如有人问萨拉是如何赢得成功的，那么她会说：“因为我一直保持自省的习惯。”萨拉女士从小所受的正规教育十分有限，她最开始时在一个乡下的小店做店员，后来发展成为美国钢铁公司信用部经理，从此事业蒸蒸日上，而这一切不过是源于她保持自省的习惯。

为什么富兰克林会成为全美国最受爱戴、最具影响力的人物？

事实上，富兰克林也保持着每晚一次的自省。他总结出自己13处致命的错误，其中有三项是浪费时间、琐事太多、与人争执。年长睿智的富兰克林很清楚地意识到，假如不改正这些缺点，他就难以成大事。于是，富兰克林定下目标每周改掉一个缺点，而且每天记录自己的进步。等到了下一周，富兰克林会再找出自己的另外一个缺点，然后再改正。就这样，富兰克林每周都与自己的缺点抗争，整整坚持了两年。

在生活中，当我们遭受不公平的批评应该怎么办呢？或许我们可以采取一个理智的做法，当自己受到不公平的责难，即便心中怨气难平，但也要告诫自己：即便最伟大的科学家爱因斯坦也坦诚自己百分之九十九都是错误的，那对于自己一个普通人而言，那起码有百分之八十是错误的，所以，慢慢冷静下来吧，或许这个批评是正确的，是可以接受的，自己本应该受到这样的批评。假如果真如此，那自己应该为此感到幸运，毕竟可以从批评中学习到不少东西。

请记录下你所犯的错误，然后展开自我批评。只有这样，你才会慢慢成熟起来，甚至变得更完美。

在生活中，大多数人总会有这样一个通病：关注自己太少，关注别人太多，而他们所关注的恰恰是别人的隐私。不可否认，好奇心是人的天性，每一个人都有窥探别人隐私的欲望。但是，在人际交往中，那些所谓的秘密，还是少知道不知道为好，尤其是别人的隐私。将那些四处打听别人隐私的精力和时间花在关注自己的身上，看看自己是否工作退步了，是否生活颓废了，如此，你的心灵才会得到前所未有的释放。

如果你知道了他人的隐私，与此同时，你也就有了保守别人隐私的责任。那些告诉你秘密的人多了一份对你的顾虑，担心你会将他的隐私泄露出去。如果有一天秘密被泄露出去了，即使你根本没有说过，但也脱不了泄密的嫌疑，你将成为唾弃的对象。而且，一旦你陷入窥探别人隐私的泥潭中，你将会千方百计地打探别人的隐私，甚至，会为某些无意中得到的小道消息而睡不着，纠结、兴奋、痛苦，心里有一种说不清道不明的滋味。然而，你的心灵已经承担了重负，无法轻松起来。

总是关注他人的隐私，喜欢在别人背后说三道四的行为，无疑是让身边的人十分憎恶的。一个沉默无言的人，一个口若悬河，满嘴流言蜚语，甚至口出是非之言的人，前者会很好地融入人际交往中，而后者则会成为大家厌恶的对象。

如果你想在人际交往中成为一个受欢迎的人，那么，学会关注自己，千万不要去关注或谈论他人的隐私。不该打听的事情不要去打听，不该说的话千万不要随便乱说，尤其是他人的隐私问题，更需要谨慎对待。即使你无意中听到了他人的隐私，你也不要到处张扬，更不能抓着一个人就说，每个人都需要一个自由空间，你的尊重或许会换来他对你的信任。

其实，道理就是这样，与其花那么多空余的时间去打听别人的隐私，还不如将时间充分地利用起来，用在工作上、学习上，那未尝不是一个好方法。学会关注自己，而关于他人的隐私，即使你无意中知道了，最好的方式是三缄其口，把别人的隐私永存心底，把它忘了也未尝不可。

不断归零，满足是成功的绊脚石

一个人若无法认清自己，就容易骄傲自满，就好像装满了水的容器，稍微晃动，水便会溢出来。长此以往，必定故步自封或止步不前。人生在世，短短数十载，岁月无痕，晃眼如烟。正因为人生的短暂，我们才不能就此放弃，不能因为它的短暂而不思进取。不满足现状，时刻保持进取心和斗志，最终的结果一定是现状持续在改善。而满足于现状，容易使人懈怠、不思进取，最后连现状也维持不了。

鲁迅先生说过："不满是向上的车轮，能载着不自满的人类向人道前进。"新闻集团总裁鲁伯特·默多克的第三任妻子、MySpace的中国负责人——邓文迪，她也曾经说："我是一个进取上进的人，无论做什么都会尽心尽力。人生充满了跌宕起伏，不管是顺境还是逆境，我都会找到美好的东西，使生活尽可能地完美。"满足是成功的绊脚石，我们要不断地归零，不断地进取。人要有欲望，不满足，是进步的先决条件，唯有不自我满足的人才能不故步自封，这才是前进的动力，不要满足于现在的自己。好还要求更好，时时超越自己，才能在人生的旅途中找到成功的路，创造一个更美好的人生！

永远不要满足现状，只有不断进取才会让自己做到更好！平凡的人之所以一无成就，就是因为他太容易满足而不求进取，一旦得到舒适安逸的位置，便混吃等死。这样，他一生只会盲目地工作，挣取勉强温饱的薪金，最终也只能碌碌无为。至于追求成功的人，他会尽力寻求不满足的地方，以发现自己的缺点。

古人曰："居安思危。"那些成功者无不把这四个字当成人生座右铭，"居安思危"不一定适合每个人，但"居安思危"也不是每个人都能做到的。曾有人说过："一个人如果自以为已经有了许多成就而止步不前，那么他的失败就在眼前了。许多人一开始奋斗得十分起劲，但前途稍露光明后，便自鸣得意起来，于是失败很可能接踵而来。"所以，切莫得意忘形，必须更加积极奋发，以使成绩永久不坠。

成绩得来不易，但更难的是在于如何持续保持好成绩。继续维持现在所拥有的，对于想要维持现状的这种观念采取"守"的态度，终究会演变成消极的态度，而失去以前所拥有的积极及前进的动力，成长便会停顿。

有人说过，不满足现状的人，要么是胸有大志者，要么是贪得无厌者，因此我们要做不满足于现状的人，但绝不可做一个贪得无厌的人，因为"欲望无止境"！

人需要有自知之明，更应该反省自身，多思考一下自己的缺陷和不足，才能借由不断的自我调整而进步。

人们对于新事物总是有一个从无知到有知、由浅入深逐步认识的过程。人们对世界的认识和所要掌握的知识、技能是无限的，而一个人无论多么聪明，多么有才华，他的知识和本领也是非常有限的。所以，应该谦虚一些，多向别人学习。

真正谦虚谨慎的人，必定会表现虚怀若谷。俗话说，一瓶子不满半瓶子晃。这句话形象地说明了骄傲自满的人，往往是那些肚子里没有多少“货”的人。更可悲的是，这些人往往没有自知之明，总以为别人不如自己，常以“老子天下第一”自居。其实，恰恰是因为这些人的无知，才使他们变得狂妄而可笑。这样的人是不能取得成功的。

谦逊这种品质对我们来说，意味着我们要养成善于正确看待自己优缺点的习惯。中国有句古话，叫作学海无涯苦作舟，告诉我们面对知识的海洋，个人的见识是多么渺小。无论人家怎样夸奖你，你都要明白，你还远不是个尽善尽美的人。骄傲是人类的宿敌，如果不战胜它，就会毁了我们自己。

闻一多说：“我们不怕承认自身的‘弱’，越知道自身弱在哪里，越好在各人自己的岗位上来尽力加强它。”虚怀若谷的人，不会被头上各色各样的光环所蒙蔽。他清楚自己的长处与弱点，失败与成就。他能虚心接受不同的意见，更能以宽广的胸怀接受他人的批评，甚至为批评自己的人鼓掌。

如果你过分注重或满足于一次小小成功所带来的惊喜与荣誉，那只能束缚再次超越自己能力的发挥。你应该不时地发觉自身的不足，向自己来一次全新的挑战；然后通过不懈的努力，来弥补那些缺陷，使自己生命的轨迹不断向前。

越是有成就的人，态度越谦虚，相反，只有那些浅薄地自以为有所成就的人才会骄傲。美国石油大王洛克菲勒说：“当我从事的石油事业蒸蒸日上时，我晚上睡前总会拍拍自己的额角说：‘如今你的成就还是微乎其微！以后路途仍多险阻，若稍一失足，就会前功尽弃，勿让自满的意念侵吞你的脑袋，当心！当心！’”这就是告诫人们要谦虚，尤其是稍有成就时应格外小心，不要骄傲。

要想取得成功，不但要有不断地学习新知识的渴望，还必须有敢于承认不足的勇气，之后正确地评估自己的目标和能力，然后模仿、运用、调适。敢于不如人，是一种期待成长的勇气，也是某种程度上的自信。只有敢于不如人，才能最后胜于人。

一个人聪明、有才华是好事，但如果不能正确对待，可能会被聪明所累、所误。相反，一个才能平平的人，如果能够做到谦虚谨慎，虚怀若谷，并且努力学习，也是能够提高自己的能力的。

第3章 大树的茁壮需要汲取养分

大树的茁壮尚且需要汲取养分，人在成长过程中更需要汲取养分。修心养性，其目的就是陶冶心性，培养全面而优良的素质。古人修心，在于教化，即传授知识，养成品德。当然，修炼内心即在于心，主要在于人们的学习。

学习本无底，前进莫彷徨

学习是我们每个人都应该养成的良好习惯与性格。一个人若是将学习当成一种习惯，他就能够把握住人生的正确方向。在现实生活中，许多人知识匮乏，能力不足，碌碌无为，有的人甚至误入歧途，这是为什么呢？其实，一个很重要的原因就是他们不能自觉、持续地学习。有的人从来不当学习是乐趣，而是把学习当作一种负担；有的人说起学习来头头是道，但是，自己从来缺少实际行动。他们不学习的原因并不是“学习枯燥乏味”“太忙没时间”，关键在于他们没有养成良好的学习习惯。

毛泽东同志经常说：“饭可以一日不吃，觉可以一日不睡，书不可以一日不读。”他无疑是学习的最佳典范。在长征途中，他曾躺在担架上看《列宁与革命》；新中国成立以后，他那宽大的床上被大面积的书籍占据着；就在他生命的最后一段时间，他依然让工作人员读书给自己听。无论在什么样的环境，他都能坚持学习。其中一个重要的原因就在于他把学习培养成一种习惯，变成了他生活的一部分。一个人要想做到时时学习、处处学习、终生学习，一个很重要的前提和基础就是让学习成为一种习惯。

让学习成为一种习惯，最重要的就是要行动起来，我们应该充分认识到学习的重要意义，真正把学习当成一种责任、一种追求。当然，让学习成为一种习惯，并不是一蹴而就，而是一个长期的过程。在这个过程中，我们需要将自己的坏习惯变成学习的好习惯。不要沉湎棋牌桌上的玩乐，不要沉浸在觥筹交错的应酬中。任何一种习惯都有强大的惯性，好习惯是这样，坏习惯更是如此。一个人的时间和精力有限，如果你想让学习成为一种习惯，那么，就要改掉自己的坏习惯。

杰奎琳非凡的智慧当然应该归功于自己的终生学习，即使在自己地位和名声升高的时候，她也不放弃学习的机会反而变得更加刻苦，并通过学习来提升自己的文化修养。这位伟大的第一总统夫人已经将学习当成了一种习惯，当成了自己生命的一部分。

著名语言文字学家周有光已经年逾百岁，但仍坚持每天伏案学习，笔耕不辍。有人问他："您都一百多岁了，又有那么多成果，为何还那么辛苦呢？"他坦然一笑，回答说："辛苦吗？我没觉得，一辈子的习惯，想改都难。"

认真做事，并不是轻而易举的事情，它需要我们开动脑筋，投入时间和精力才能达到。同样是做一件事情，仅仅做完是一种行为，而在做完之后还进行细致的检查才是一种认真的态度。而且，在做事的过程中一直坚持着这种绝对认真的精神，这样的神采是最容易打动人的。

《塔木德》中有这样一句广为流传的格言：“罗马不是一天建成的。”而聪明的犹太人正是坚信这样的道理，才能够在世界享有盛名。中国也有句相似的格言“千里之行，始于足下”，它们所表达的是同一个意思。我们在面对任何一件事情的时候，都要脚踏实地，才能做到循序渐进，获得最后的成功。正可谓“一屋不扫，何以扫天下”。凡成大事者需要从小事做起，踏踏实实地做好生活中的每一件事，小事做多了就成大事了。

当学习已经成为一种习惯，你想摆脱都很难了。一个善于学习的人，他的内心是极为满足的，而他的才情都是用足够的知识和生活经历所积累的。做事多少是一回事，做事的质量和成效又是另外一回事。假如我们十件事都做不好，那么就把精力集中到一个焦点上，专心做一件事情吧。

只要愿意学习，就一定能学会

一个人的成长是无止境的，他时刻都需要充足的养分。说到“养分”，大部分人会想到能让我们生命得以延续的食物，其实，这只是物质层面的养分，我们不能忽视了心灵所需的养分——知识。一个人若是缺少了知识的养分，就像没有施肥的花儿，即使得到了很好的外在营养，它还是会慢慢地枯萎。

生活中的许多人总是关注到自己的外在，而忽视了心灵的呵护。当他们把自己的外表打扮得很精致的时候，其心灵却是空空如也。他们就像是一个等待欣赏的“花瓶”，只有光鲜的外表，而没有丰富的内在，根本没有可收藏的价值。一个人的成长是无止境的，在成长的路上，我们应该汲取更充足的养分，诸如知识、才情、能力，如此，你才能成为一个内外兼修的人。

杨澜在获得巨大成就之后，毅然放弃了红红火火的事业，摒除杂念，远赴美国“充电”，不断地拓展新的知识，丰富自己的心灵世界，汲取成长所需要的养分。事实证明，她当初的选择是正确的，正是那个果断的决定，为她积蓄了一生的财富，最终，使她收获了事业的丰硕果实。

一个人的成长并不只是身体外在的成长，心灵也应该得到相应的充盈，如此，你的外在和内在才能得到较好的统一。在生活中，有的人一大把年纪了，但是，他的修养与内涵却甚是欠缺，这样的人，他们的心灵缺少应有的“养分”，或许，直至到老，他还是一副流氓痞子的形象。

现代社会，是一个学习的社会，无论你毕业于哪所大学，从你踏入这个社会开始，你就必须学习；无论你有多大的本事，你都有学习的必要性，至少你不会无所不能。甚至，学习将伴随着我们的一生，你是否好学，将直接决定你未来能走多远。一个人最大的缺陷并不是没有接受过教育，而是他放弃了学习的机会。

学习，就好像女人坚持使用化妆品一样，我们需要保持学习的习惯，这样才能丰富自己的心灵。肌肤需要汲取水分，也需要汲取营养，而心灵与肌肤一样，它同样需要汲取养分才不至于显得空洞。只有不断地学习，才能填满心灵的空虚。

知识，犹如一泓清泉，能给我们的心灵带来甘甜的快乐。学好知识，融会贯通，它将成就你的一生。知识是人生一种最好的时尚，它美不胜收。与知识同行的人，思维活跃，心境开阔，他们始终生活在一种和谐、宽容的环境里。知识是一个人的立身之本，他们或许学历并不是多高，但是，一定有内在的文化修养。在遇到事情的时候，他们大多能保持冷静的头脑，认真分析，从而得出解决问题的办法。有知识的人，他们从来不会乱说话，而是言必有据，每一个结论都是通过合理的推理而出，不会人云亦云，信口雌黄。高尔基曾说："学问改变气质。"而知识将成就一个人的一生，它是气质、精神永葆青春的源泉。

知识，成就了海伦·凯勒的一生，在她获得成功之后，她没有忘记那些生活在无声世界或黑暗世界中的孩子们。她用自己一生所学的知识致力于盲人福利和教育，她希望更多的盲人孩子感受到知识的快乐。

对此，有人曾这样评价她："海伦·凯勒是人类的骄傲，是我们学习的榜样，是人类善良的表现，相信她的事迹能成为后世的典范。”观察那些外表平平，甚至带有欠缺的人，是什么成就了他们的一生呢？当然是知识，也只有知识，才能成就他们如此辉煌的一生。

学知识要达到“理解”，甚至达到心体“豁然开朗，一片光明”的学以致用的境界，就必须放下自我。将知识很好地消化，让自己的心灵深入进去，与作者的思想、言论融为一体，这样才能将学到的知识融会贯通，并以此改变自己的人生。

多些脚踏实地，少些高谈阔论

一个人一生中，都要读两种书：一是“有字的书”，这就是书本；二是“无字的书”，那就是实地观察和体验。书不能不读，但不能“闭门读书”。只是“闭门读书”，很难摆脱“读死书，死读书，读书死”的境地，所学知识是死板，解决不了任何的实际问题，只能成为“书呆子”，终究是无用的。

读书不能只把自己关在家里，而是经常到大街上、商店、集贸市场看看，到动物园、植物园、郊野公园、名胜古迹、农村山区、河边海边参观旅游，把这些活动当成是给自己“上课”。这样，人们会看到许多见所未见、闻所未闻的新鲜事物和生人，不仅可以使自己开阔眼界，增长见识，还可以丰富知识，充实头脑。

何谓“思维”？就是运用已经掌握的知识进行分析、综合、判断、推理。已经掌握的知识便是进行思维的必要材料。老话说：“巧妇难为无米之炊。”没有丰富的知识，思维将是无法进行的；知识贫乏，是难以进行周密的思维的。人们经常到外面走走，看看，会使自己见多识广，储备进行思维的“丰富材料”。

通常情况下，知识越渊博、阅历越丰富的人，其应变能力就越强，反应也越敏捷。在生活中若是遇到紧急情况，就能够及时地唤醒长期积累的生活经验以及各种知识，从而轻松地解决问题。

社会上有不少人有这种思想障碍：千金小姐不愿意与保姆同桌吃饭，博士不愿意当基层业务员，高级主管不愿意主动去找下级职员，知识分子不愿意去做体力工作……他们给自己画地为牢、故步自封，白白损失了无数的大好机会。

其实这种“身段”只会让一个人的路越走越窄。并不是说有“身段”的人就不能有得意的人生，但在非常时刻，如果还放不下身份，那么就会使自己无路可走。

洗厕所的工作只是麦当劳正常的员工培训内容之一，不分种族肤色，在世界范围内通行。中国的大男人韩定国一开始却难以接受，那是把它严重化了，上升到“折辱”的境地。这大可不必，做些清洁善后工作也是应尽的责任，一个人的层次，并不是由做不做这些小事来界定的。

许多人在步入社会的初期都拥有远大的抱负，一心只想一鸣惊人，而不去做埋头耕耘的工作。等到忽然有一天，他看见比他起步晚的，比他天资差的人都已经有了可观的收获，他才惊觉到自己这片园地上还是一无所有。他这才明白，不是上天没有给他理想或志愿，而是他一心只等待丰收，忘了播种。

一个人要想有所作为，首先要从清理思想、改变观念开始。如果本是穷人、新人还要“穷摆谱”，那么机会是不会主动光顾他的。而能放下身段的人，他的思考富有高度的弹性，不会有刻板的观念，而能吸收各种信息，形成一个庞大而多样的信息库，这将是他的本钱。

纵观中国这几十年的变化，可以看到，在改革开放后，中国的角角落落都活跃着一群群浪迹天涯、不辞劳苦、精明肯干的温州人。最初他们并不起眼，人们只是从修鞋铺、发廊、路边摊中认识他们的。而他们除了江南人那般瘦小那般灵秀外，总是默默地干活、做生意，他们与其他地方的民工、商贩没有什么两样。但是，慢慢地，温州发廊、温州服装店、温州电子城越来越多，各种温州产品包装、标牌、证书、徽章也越来越多。一时间，温州货充斥全国。人们对温州人由刚开始的漠视不屑到兴趣十足，到惊奇钦羡，再到后来的仔细探究：温州人咋的啦？这么多人，这么会赚钱！

他们做生意，注重从小处着手，也非常能吃苦，意志非常坚韧，用他们自己通俗的说法是既能当老板，又能睡地板。他们务实苦干，只要有一分钱赚就会不遗余力地去干，从不好高骛远，从不好大喜功。即使是生意已经铺得比较大，温州商人仍会像初创时期一样拼命工作。那些看起来没什么钱赚的小生意，他们也不会嫌弃，往往是几分钱的螺丝螺帽、几角钱的小元件，他们都会认真对待，把小生意当作事业来筹划。他们敢闯，但不乱闯。在积累财富的过程中，他们非常耐心，一步一个脚印，不妄想一夜成为富翁。一旦看准某项业务，就会扎下根来，踏踏实实地赚钱。

在大人物眼里，职业没有高低贵贱之分，能否赚钱才是最主要的。正因为如此，中国的温州人才四处闯荡，占据了本地人不屑一顾的那些领域，不声不响地富了起来。他们追求自主、自立，人人都想当老板，且敢冒当老板的风险。他们不论干什么，生活中总充满乐趣，而且敢于开创、善于开创，洒脱顽强，从不失望。

很多人在做事或经商时心态都很急躁，总是希望一竿子下去，立即打下红彤彤的枣来。在通往成功的道路上，他们所缺乏的不是资金、机遇、胆识，而是态度。我们要记住古人所说的："唯有埋头，乃能出头。"种子如不经过在坚硬的泥土中挣扎奋斗的过程，它将止于是一粒干瘪的种子，而永远不能发芽滋长成一株大树。

埋头做事，就是要面对现实，面向未来，顺从规律，服从大势，不做拔苗助长的蠢事，不干明天后天才有可能做的蠢事。扎扎实实，一步一个脚印地走；循序渐进，一步一步登上事业的巅峰。

吾生也有涯，而知也无涯

学习与其他事情一样，首先一点就是端正自己的态度。知识的殿堂永远对那些竭尽全力、刻苦努力的人开放。

唯一蝉联三次世界冠军的天才教练蓝柏第有一次说："任何一位顶天立地、有作为的人，不管怎样，最后他的内心一定会感谢刻苦的工作与训练，他一定会衷心向往训练的机会。"

宝剑锋从磨砺出，梅花香自苦寒来。自古以来学有建树的人，都离不开一个"苦"字。京剧大师梅兰芳初学戏时与那个时代学戏的孩子一样，曲不离口拳不离手，夏练三伏冬练三九。

那段日子，他的生活极为刻板单调，天明即起出城吊嗓，然后练身段、学唱腔、念本子。练跷功时，他踩着跷站在一张长板凳上的一块长方砖上，一站便是一炷香的时间，直站得汗如雨下眼泪汪汪。寒冬腊月里他踩着跷在冰面上跑圆场，常常被摔得鼻青脸肿。拿大顶时，他得忍受着头晕、呕吐等不良反应，有时竟昏倒在排练场。由此他对所谓"台上一分钟，台下十年功"有了深切的体会。

德国大作家歌德说过：“人们在那里高谈阔论着天气和灵感之类的东西，我却像打金锁链那样苦心劳动着，把一个个小环节非常合适地联结起来。”要想取得成就，就要努力刻苦，不轻抛时间！

刻苦学习知识使一个人更充实、更崇高，它不仅仅帮助你获取工作、积累财富，而真正影响的是一个人的内在。帮助你开发自己的能力，更好地利用自己的潜能，成为一个真正的胜利者。

很多人都渴望成功，而成功的不二法门就是不断努力。如果希望一劳永逸，浅尝辄止，则很可能一事无成。看似紧锣密鼓的工作挑战，永不停歇的环境压力，却在不知不觉间培养了今日的诸般能力。

人的潜力无穷，能否最大限度地挖掘这些潜能，关键在于是否善于强迫自己、经营自己。希望成功，必须加倍努力。只有不懈努力，才会有丰厚的收获。成功人士有一点是相同的，那就是他们比别人更努力。

世界上没有一件有价值的东西，可以不通过辛勤劳动而获得。不吝惜自己汗水的人，也必将会有丰厚的收获。一个成功者的成功之处就在于他总是比别人多付出一些，比别人多向前迈进一步。

一个青年问苏格拉底怎样才能获得知识，使自己不断上进。

苏格拉底将这个青年带到海里，海水淹没了年轻人，他奋力挣扎才将头探出水面。苏格拉底问：“你在水里最大的愿望是什么？”“空气，当然是呼吸新鲜空气！”“对！学习就得使上这股子劲儿。”

可见，积极上进者对求学要有极高的热情。埃里克·霍弗将军深信：“没有哪个人可以永远独占鳌头，在瞬息万变的世界里，唯有虚心学习的人才能够掌握未来。”

一切事物随着岁月的流逝都会不断折旧，他们赖以生存的知识、技能也一样会折旧。唯有虚心学习，才能够成功掌握未来。毕业于西点军校的晚间新闻主播彼得·詹宁斯，在事业鼎盛之际下了一个很大胆的决定——他辞去了人人艳羡的主播职位，决定到新闻第一线去磨炼记者的工作技能。经过几年的历练之后，他才又回到主播台的位置。

从彼得·詹宁斯身上我们发现，一个积极的上进者、求学者，在他们的内心中都有一个知识和竞争构建的天平，他们积极地充实自己，以求让天平向自己这方倾斜。他们勇敢地承认自己的不足，发现自身的弱势，然后想办法赶快弥补。

闻一多说：“我们不怕承认自身的‘弱’，愈知道自身弱在哪里，愈好在各人自己的岗位上来尽力加强它。”“吾生也有涯，而知也无涯”，具有丰富知识和经验的人，比只有一种知识和经验的人更容易产生新的联想和独到的见解。自身的知识越充足，成功的机会就越大。

人的一生都是宝贵的，都是学习知识、受教育的时间。可能有人认为，过了宝贵的青年时期，就失去了读书学习的时机，到了晚年就更不可能学习什么东西了。实际上，学习的时间要靠自己把握和积累，哪怕只是利用自己一些空闲的时间，哪怕你已经人到中年，你一样可以弥补年轻时的遗憾，甚至获得意想不到的成就。只有不断更新自己的知识结构，才可能不断提升自己。

立足兴趣爱好，促进全面发展

哈佛教授曾对1500名学生进行过一项调查，询问他们选择自己的专业是出于爱好还是因为赚钱。在这群人中，1255名学生回答是因为赚钱，245名学生表示是出于爱好。这项调查持续了10年，目的是要了解为了金钱和因为爱好而努力奋斗的人最后有多少成了富翁。结果显示，10年后，245名因为爱好而奋斗的学生中有 100人成了富翁，而1255名为了金钱而工作的学生中只有1人成了富翁。

不管你是否是学生，金钱都是我们不可回避的问题，而工作是我们获得金钱最主要的渠道。很多人在谈及工作时，都感慨它是人生获得意义的一种过程，也都知道应该从事自己喜欢的工作而不是为了金钱去钻营，但生存的压力、朋友的劝谏往往让我们犹豫不决，最后选择以金钱为目标。

然而科学的调查结果告诉我们，保证你能拥有足够多的金钱的唯一道路是做你自己喜欢的事情。在选择专业时要听从自己内心的安排，不要被别人的意见左右，尤其是那些老套的说法："这个专业不赚钱，还是选另一个能赚钱的专业吧。"选择行业时也是如此。只有做自己喜欢的事情，你才能在快乐行事中获得金钱的满足。

爱好不仅仅是为了获取更多的金钱，它对人生意义的实现有着举足轻重的作用。爱好，特别是良好的爱好，是你生活的帆。一位诗人曾经这样说过，为了您的身心健康，请培养至少一项爱好。这位诗人说的是身心健康，而健康的身心，则是快乐的唯一依托与内在体现。

在心理学的范畴上，爱好是指人生的某一件事情，或者活动的情感倾向。它与兴趣既有关系又有区别，因为兴趣主要是指人对事或活动的认识倾向。一般说来，人们感兴趣的事情，大部分也是爱好，所以，许多时候，兴趣与爱好是紧密相连的，在某种非正规场合，往往也表示同一个意思。

爱好可以给人一种对快乐的期望与感受。爱好越强烈，这种期望与感受也越强烈。在发现和培养自己的爱好的同时，也要注重全面发展。把自己的爱好发展成优势，由此可以促成自己取得一番较大的成就。然而，只有全面培养自己的基本能力才能不犯木桶定律似的错误。

对于一只用于盛水的木桶来说，它所能盛水容量的多少并不取决于桶壁上最高的那块木板，而恰恰取决于桶壁上最短的那块木板。专业人士把这一规律总结为“木桶定律”或“木桶理论”，一些管理者根据它的核心内容，提出了以下三个推论：

第一，只有当木桶壁上的所有木板都足够高时，木桶才能盛满水；只要这个木桶里有一块不够高，木桶里的水就不可能是满的。

第二，比最低木板高的所有木板的高出部分是没有意义的，高得越多，浪费就越大。

第三，要想提高木桶的容量，应该设法加高最低木板的高度，这是最有效也是唯一的途径。

从三条推论我们不难看出，一个人，如果不能在诸多方面得到全面发展，在哪一项上存在严重漏洞，都会影响他的人生前途。或许，他在短期内不会感觉到这种弊端的存在，但当他在某一时刻突然感知到时，往往会后悔莫及。

在现实生活中，有爱好，在某方面有优势，但在另一方面的能力严重不足的人不在少数，他们或多或少地依循着“木桶定律”的理论，在自己的职业道路或人生历程中，由于自身存在的劣势使自己的发展深受束缚。培养良好的爱好，发展自身的优势，在全面发展中垫高自己，就能尽早获得人生的幸福。

效率是做好工作的灵魂

时间观念的改变，会使一个人的生活更丰富、更充实，在管理时间、利用时间的过程中，你的做事效率必定也会有一个很大的提升。

时间对于每一个人来说，都是无法挽留的，它就像东逝之水，一去不复返。当一天结束时，时间不会留作明天待用。一个有所作为的人，必须学会有效地安排时间，有效地利用时间，更为重要的是优化自己的时间观念，提升自己的做事效率。

人类走完农业时代用了6000年，进入工业时代用了150年，到服务时代只用了20年，然后又用了20年就走完了信息时代，现在我们已经在通信时代了。在这个时代中，知识是创造价值的源泉，效率是竞争中的关键。

提高做事效率，其中重要的一项是提高执行力。要提高执行力就要做到加强学习，更新观念。日常工作中，我们在执行某项任务时，总会遇到一些问题。而对待问题有两种选择。一种是不怕问题，想方设法解决问题，千方百计消灭问题，结果是圆满完成任务；另一种是面对问题，一筹莫展，不思进取，结果是问题依然存在，任务也不会完成。

反思对待问题的两种选择和两种结果，我们会不由自主地问道，同是一项工作，为什么有的人能够做得很好，有的人却做不到呢？关键是思想观念认识和对待时间的态度。

诺斯古德·帕金森是英国著名的历史学家，他在分析为何“大型组织大而无当，毫无生气”时，指出：“事情增加是为了添满完成工作所剩的多余时间。”这个定律告诉我们，工作效率低，是因为我们给了这个工作太多的时间。

我们常说，观念决定思路，思路决定出路。对待一件事情，一堆事情，一天的事情，甚至是更为长远的规划，能做到帕金森那样对利用时间、提高效率有如此清晰的认识，你投资大脑的工作就取得了卓越的成效，你将获得可喜的转变。

一些成功的企业家告诫年轻人，有什么样的思想观念，就有什么样的工作效果。不断地更新观念，不断分析自己、认识自己、提高自己，才能改变不执行和浪费时间的不良习惯，提高整个企业的运转效率，自动自发地做好本职工作。

在这个世界上，做同一种工作的人不计其数，做同一种工作的方法更是数不胜数，其中不乏效率高的方法。这就需要自己去寻找、去借鉴。在这个追求高效率的社会里，抓不住效率的绳索，就会被高效率的机器甩出十万八千里。没有效率意味着死亡，不投资大脑也就意味着没有效率。

切斯特菲尔德说：“效率是做好工作的灵魂。”约·艾迪生说：“工作中最重要的是提高效率。”萧伯纳则说：“世界上只有两种物质：高效率和低效率；世界上只有两种人：高效率的人和低效率的人。”

如果你不想做一个低效率的人，你就需要获得比别人更多的知识、方法和思维。只有当你找到了世界上最有效率的方法时，你才能赢得世界的尊重和梦寐以求的财富。

高效率意味着高投入，没有投入就没有产出，低投入只能带来低产出。对大脑的投资是一种决定命运的投资，只能以最大最优先的投入对待。对大脑的投资也是一种产生最大效率和最大收益的投资，永远不会亏本。明白了这个道理，你才能拥有正确的时间观念，才会有获得财富和社会地位的能力，你才能获得比别人更高的效率，你才能跑在赛道的最前面。

同一个西瓜，在固定的时间内，有的人只能把它当作水果来销售，获得微薄的利润；有头脑的人则把它当作一件艺术品来出售，给它打上品牌，刻上花纹，成为一件利润百倍的商品。这就是投资大脑获得的效率。在最短的时间内，不浪费自己的时间，提高投资大脑的效率，你做其他事情的效率将会乘方增长。

知识和能力上很小的一点差距就能够带来迥然不同的结果。在其中，对于时间观念的正确认识，对于做事效率的掌控是人与人之间能力和知识差别的重点。投资大脑，为未来准备知识，知识和经验能使你在新的形势中迅速找出规律，你找出的规律越多，你的效率提升越快，你在各种情况下作出抉择、采取行动的速度就越快，你的时间也就节省得越多，这就会使你迅速跻身成功者的行列。

第4章 我要去摘悬崖上的那朵花

人的成长、成熟是一个漫长的较量，能否取得最后的胜利，不在于一时的排名，而在于持续的进步与积累。不要嫉妒别人哪里比你强，如果你没有得到所谓的幸运，不要埋怨生活的不幸，请记住，上帝没有给你一条更为平坦的路，是因为他要让你更快成熟。

别把今天的彩虹，放在明天的天空

人的一生有太多的等待，在等待中，我们错失了许多机会；在等待中，我们白白浪费了宝贵的光阴；在等待中，我们由一个英姿勃发的青年，变为碌碌无为的中年人。我们还在等待什么？选择去尝试，总不会让自己在原地踏步。

在哈佛，有这样一位毕业生被其他学生和教授崇敬与佩服。她就是82岁从哈佛毕业的伊丽莎白。

伊丽莎白不是哈佛毕业生中最出色的一位，也并不具有非凡的才能，人们对她的敬佩，不是因为她年纪老迈，而是她勇敢尝试，始终坚持的毅力和决心。

这一天，身穿毕业生礼服、头戴黑色学士帽的伊丽莎白·麦克尼尔从哈佛校长手中接过毕业证书，在获得文科学士学位的同时，她还被颁发了一个表彰其学术成就和品德的奖项。

伊丽莎白早在1941年就高中毕业了，之后，她陆续生了4个孩子。26年前，她成为哈佛大学健康服务部门的员工。哈佛的学术氛围令她对学习产生了很大的兴趣，于是几年后，她开始尝试在哈佛“蹭课”。

但是在这之后的很多年里，她并没有正式注册当学生，因为她觉得自己没有能力完成哈佛的课程。一度想放弃拿到哈佛学历的念头。

直到9年前，同事和同学的鼓励让伊丽莎白产生了争取学位的念头，那时她已经73岁了。对于一个普通的73岁的老人来说，安享晚年是最好的选择。而伊丽莎白并不甘心就此放弃自己的理想，她再次鼓起勇气，走入了哈佛的课堂，她给自己制定了“10年目标”，并经常向孩子们许诺，要在83岁之前从哈佛毕业。

如今满脸皱纹的伊丽莎白在哈佛工作了25年，学习了20年，攻读了9年学位，最终赶在自己的孙女之前获得了本科学历。

伊丽莎白可谓是一位独特的学生。许多教授都以伊丽莎白的事迹作为案例，鼓舞学生：树立信心、果敢尝试，走属于自己的路。

人生就是如此，只要你迈步，路就会在脚下延伸。只有启程，我们才会向理想的目标靠近。无论你的梦想和目标是什么，这些都只是你成功的开始，更主要的是立即开始行动，从而实实在在地看到成功的希望。这一点被许多人所忽略，其结果都是以失败告终。

贝尔在试制电话机时，感到有关问题还没有把握，便去向著名物理学家约瑟·亨利请教。贝尔谈了自己的设想，然后恳切地问：“先生有何见教？”“干吧！”亨利回答说。贝尔不安地说："可是，先生，我对电的知识知道得很少呀。""学吧！"亨利又简短地回答。电话机试制成功后，贝尔激动地说："如果不是亨利先生的这两个词的鼓励，我是不可能发明电话机的啊！"

当年，迪斯尼为了实现心中的梦想，不断地呼吁去建造一个乐园，可是当时有非常多的人反对他，有的人担心会对环境产生影响；有的人担心他的资金有问题；有的人甚至怀疑他的头脑有问题；有的人说政府不会批那么大的一片地。可是迪斯尼不断地去想各种各样的方法，资金方面有问题，他跑了143次银行。他积极地寻求各方面资源的支持，最后，他梦想中的乐园——迪斯尼乐园，终于在美国开始兴建，到现在，被复制到世界各地。

人人都能下决心做大事，但只有少数人能够果敢地去尝试，也只有这少数人才是最后的成功者。有不少这样的人，他们并非不知道行动的重要，但是迟迟不愿意行动，结果又产生负疚感，造成意志瘫痪。很多情况下，人们与其说是因为恐惧而不去行动，毋宁说是因为不去行动而导致恐惧。许多事情的难度都由于我们的犹豫和摇摆加大了。

勇于尝试需要一种开拓进取的精神。鲁迅先生曾经说过，其实地上本没有路，走的人多了，也便成了路。所以他十分赞赏"第一个吃螃蟹的人"，那些在人类前进道路上披荆斩棘的人。

美国康奈尔大学的威克教授也做过一个有趣的实验：把一只瓶子平放在桌子上，瓶子的底部向着有光亮的一方，瓶口敞开，先放进几只蜜蜂，只见它们一次又一次朝着有光亮的地方飞去，结果只能撞在瓶壁上。蜜蜂发现自己永远也无法从瓶底飞出，只好认命，奄奄一息地停在有光亮的瓶底儿。威克教授把蜜蜂倒出，仍将瓶子按原来的方向放好，再放进几只苍蝇。没过多久，它们一只不剩地全从瓶口飞了出来。

苍蝇为什么能找到出路？原来它们坚持多方尝试，一旦发现此路不通，便立即改变方向，最后终于找到瓶口飞了出来。

威克教授的结论是：与其坐以待毙，不如横冲直撞，因为后者的做法比前者聪明且有用得多。人生需要选择，需要你果敢地去拼搏，去行动，去做自己该做的事情，哪怕你很畏惧，哪怕你很犹豫，但如果摆在你面前的路是正确的，你就要立即行动起来。

人的价值，不光在取得非常成就时才显现，具有尝试精神的人，他的人生，也会丰富多彩，熠熠放光。经过尝试，我们会发现自己具有取之不竭的智力潜能，会发现生命中潜藏着许多连自己也无法想象的能力。如果不去尝试，这些能力永远也没有机会大放异彩。尝试，是铸造卓越与杰出人生的一种方式，是事业成功的一条重要途径。

做最好的自己，走自己的路

说起理查德，不得不提到他的父亲。这位从墨西哥偷渡过来的老一辈非法移民就是凭着一手好油漆活，在洛杉矶站住了脚。在一次大赦之后，这位老油漆匠拿到了绿卡，成了美国公民。

从小聪明又懂事的理查德经常在放学以后就帮助爸爸干油漆活。几年下来，理查德的手艺大有长进不说，而且有些方面还大有创新，连老爸都有点自叹不如。

理查德在校的学习成绩总是在全年级前三名，并且社区服务的记录也是全校最荣耀的，还获得过全美中学生美术展油画铜奖，这就使得他轻而易举地被哈佛大学录取了。

理查德在哈佛求学的过程中，成绩在班上总是名列前茅。但理查德每次来信，都要对星期天没法摸摸油漆活而大发牢骚。或者，就是盼着早点放假，回家来摆弄油漆。四年很快过去了，理查德虽然成绩优秀，但坚持不上研究院，而是在洛杉矶找到一份薪水颇高而且非常体面的工作。

工作半年多，理查德的表现相当出色，但他心里总是不忘油漆活。有一次，公司的老板因为理查德工作优秀，就问他对公司有哪些看法，有些什么要求。理查德说，公司把有些部件拿到外面去做油漆不仅成本很高，而且质量也不理想，如果公司成立油漆部，就会很好地解决这个问题。老板笑着说：

“这谈何容易？买设备倒是小事，招聘优秀的油漆技师可不是一件容易的事情。”理查德说：“用不着招了，你面前就有一个。”于是，理查德把自己的经历同老板说了个明白，并且，还把招一些年轻人由他亲自培训的构想和老板进行了沟通。老板当即决定，成立油漆部，由理查德任经理兼技师。

理查德兴冲冲地告诉老爸自己提升了。当老爸知道儿子任油漆部经理时，半天没说出话来。虽然家里人一再规劝理查德三思而后行，但理查德坚持走自己的路。经过几年的努力，这个油漆部的工作非常出色，白宫有些用品都指定在这里加工。

很多年轻人，在刚刚步入社会时，大多拥有自己的想法，给自己设计了诸多成就大事的道路。然而很多人没过多久，就在压力及现实面前，高高地举起了双手，早早地屈服了。自己的理想只存留于幻想中，甚至越来越不被提及。

曾有人形象地把人比作一条船。在人生的海洋中，有的人像无舵船，他们幻想能漂到一个富裕繁荣的港湾。而现实证实这多数是一种幻想和奢望。面对风浪海潮的起伏变化，他们束手无策，只能随波逐流，幸运者能漂进某个避风港，不幸者可能触礁或搁浅。但那些成功者，他们花时间研究计划、确定目标和航向，他们坚持走属于自己的路，从此岸到彼岸，有计划地行进。他们勇敢地做自己心灵的舵手。

几十年前，一位住在犹他州首府盐湖城的年轻人做了一件反常的事，令认识他的人大跌眼镜。在这之前，他因为工作勤勉努力，生活节俭有规律而被所有朋友称道。

他做了什么呢？原来他从银行中取出他的全部积蓄买了一部新车，这还不是最“愚蠢”的，当他把新车开回家后，就在车库里动手拆卸汽车，车库里摆满了零零散散的汽车零件。他仔细检查了每个零件，然后又把汽车装好，这个行为重复了许多遍，人们对此感到大惑不解，嘲笑他是不是疯了。

几年后，那些嘲笑过这位年轻人的人不得不承认他们错了，而这位年轻人具有明智的见识。他开始制造汽车了。他的产品领导了整个汽车工业，他还在汽车这个领域做了许多有价值的改进和革新，他成功了。这个当年反复拆装汽车的年轻人名叫沃尔特·珀西·克莱斯勒。

许多事例证明，别人给予你的意见和评价，往往不是正确的。20世纪最伟大的科学家爱因斯坦4岁才会说话，7岁才会认字。老师给他的评语是“反应迟钝，不合群，满脑袋不切实际的幻想”。

因此，你不必过于在意别人的看法。用心思考，你会发现，几乎每一个成功的故事都源于一个伟大的想法，而故事的主人公无一例外地会遇到怀疑和困境。而他们的过人之处就在于能够使这些杂音在头脑中沉寂下来，让自己静静地倾听真正的声音。他们的“疯狂”并非真的盲目，其中蕴含着目的，蕴含着方法。人活着并不是因为千篇一律而有所价值，那些伟人，都是拥有自己独特的思想，并坚持走自己的路的人。

很多特立独行的成功者在走自己的道路的过程中，总会听到别人不同的意见，但他们对自己的信念始终坚定不移，当别人对你的行为抱有怀疑甚至是反对的态度时，坚持自我的意见，才能有更大的突破。

坚持信仰，让人生闪闪发光

俗话说：与柏拉图为友，与亚里士多德为友，更要与真理为友。仔细体味这三句话，言简意赅，精练入神。但如果没有一定知识背景的人，光看到“柏拉图”和“亚里士多德”的名字，就会感到很陌生，也更难理解和体会这句话的真切含义了。

柏拉图和亚里士多德，都是古希腊非常伟大的哲学家，亚里士多德和柏拉图是师生关系。与这两位哲人为友，也就是与智慧为伴，可见哈佛对学生素质的要求之高。与真理为友，正是哈佛人崇尚真理、追求学术自由的最朴素的体现，也许这种氛围正是哈佛享誉全球的真正原因。

很多时候，真理就在眼前，我们已经接近了真理，但因为缺少自信，而离开了真理。坚持真理的勇气来源于对事实的坚定信念。通往真理的道路不会一帆风顺，要想不被假象所迷惑，关键就看我们能否对真理坚持到底。

琴纳是英国一位乡村医生，他在行医期间了解到感染过牛痘的挤奶妇女对天花免疫，就接连多年进行观察和实验。1796年5月14日，他给一个8岁男孩接种牛痘成功，当时人们将信将疑，教会则攻击他，造谣说那个种了牛痘的孩子脸上长出了牛毛，眼睛像公牛一样看人，连咳嗽的声音也好像是牛叫一样。他还收到许多诽谤信和恐吓信，他说："我好像乘着一只小船，快要到岸了，却受着暴风雨的袭击。"后来，牛痘接种法推广开来，英国政府承认了他的研究成果。他去世后，人们为他立碑塑像，表达对他的怀念。

能够始终如一坚持真理的人，比说出真理的人更为可贵。这需要判断力、勇气和执着的精神。

有人说，"坚持真理"是一道判断题，所有答题的人，都斩钉截铁地打上一个深深的钩，都认为某个真理是正确的。后来，人们开始驻笔凝思，到底该打上什么符号，渐渐地，犹豫不决的人越来越多。因为他们不相信自己的判断，受到了更多的干扰和诱惑。最后，索性，人们把它改成了选择题，为了财富、为了面子、为了前途……"坚持真理"成了一道选择题。

现实生活中确实有些人扭曲了自己的价值观，在真理面前，不敢坚持。但这终究是一小部分人。人要有所成就，就必须树立真理必胜的信念和坚持真理的勇气，不管在什么情况下都不要向错误让步，都要在实践中勇于修正自己的错误，勇敢地走在真理的路上。

读书不是为了工作，而是为了人生，为了自己的信仰。这样的话在现在思想较为开放的学校中也不曾听说过。雨果说，信仰，是人们所必需的。什么也不信的人不会幸福。卡耐基说，你有信仰就年轻，疑惑就年老；有自信就年轻，畏惧就年老；有希望就年轻，绝望就年老；岁月使你皮肤起皱，但是失去了热忱，就损伤了灵魂。当我们在社会的洪流中改变自己的价值观、金钱观时，你是否也让自己的信仰开始发生改变呢？梳理自己的心情，让心依存于善良、崇高，追逐于理想、目标，这样的人，他生命里的每一天才过得更有价值。

记得许多年前购买的周国平的那本《灵魂只能独行》中有这样一段话：“在这个世界上，有的人信神，有的人不信，由此而区分为有神论者和无神论者，宗教徒和俗人。不过，这个区分并非很重要。还有一个比这重要得多的区分，便是有的人相信神圣，有的人不相信，人由此而分出了高尚和卑鄙。一个人可以不信神，但不可以不相信神圣。是否相信上帝、佛、真主或别的什么主宰宇宙的神秘力量，往往取决于个人所隶属的民族传统、文化背景和个人的特殊经历，甚至取决于个人的某种神秘体验，这是勉强不得的。一个没有这些宗教信仰的人，仍然可能是一个善良的人。然而，倘若不相信人世间有任何神圣价值，百无禁忌，为所欲为，这样的人就与禽兽无异了。”

信仰的力量是伟大的，唯有怀抱信仰，才会拥有希望。影片《肖申克的救赎》里说：“恐惧让你沦为囚犯，希望让你重获自由。”在心底坚守这希望，怀抱这信仰，你就拥有无穷的力量。

信仰具有无穷的力量，它是一种看不见的力量。只要你追随自己的天赋和内心，你就会发现，生命的轨迹原已存在，正期待你的光临，你所经历的，正是你应拥有的生活。当你能够感觉到自己正行走在命运的轨道上，你会发现，周围的人，开始源源不断地带给你新的机会。在追求自己的信仰时，我们不再是消磨光阴，而是让人生闪闪发光。

每个人的命运全靠自己

每一个人都坚信命运可以掌握在自己的手里，他们骨子里都具有一种抗争的精神，从不服输，也从不气馁，他们都有一个意念，那就是做自己命运的设计师。

别人认为你是哪一种人并不重要，重要的是你是否肯定自己；别人如何打败你，并不是重点，重点是你是否在别人打败你之前，就先输给了自己！唯有时刻坚信自己，才能战胜灵魂深处所有的弱点，始终处于不败之地。

杰弗里·波蒂洛曾说：“只要不把你的命运交给别人，你就能决定自己的命运。”这是一种多么催人奋斗的自信啊！一个人想要成功必须具有自信。不需要依靠别人，自己的人生，由自己操纵掌控。

命运往往就是这么奇怪，它在赐予一个人成功之前，大都要设置一道道屏障，来考验一个人的毅力与勇气。因此，那些怯懦者，只能在失望和抱怨之中，走过一生。相反，那些知难而进、勇于跟厄运搏击的人，才能最终得到命运之神的精美馈赠。

伊尔·丰拉格是美国历史上第一位获得新闻界最高奖——普利策奖的黑人记者，是美国黑人的骄傲。但是，丰拉格曾经非常厌恶自己的出身。他小时候因为自己的肤色而自卑孤僻，甚至绝望地认为自己将来不会有任何出息。

他父亲是个走南闯北、见多识广的水手。父亲看透了他的心事，便带他拜访了许多名人的故居。

父亲带儿子去荷兰参观了梵高的故居。在看过那张小床及裂了口的皮鞋之后，儿子困惑地问父亲："梵高不是位百万富翁吗？"

父亲答道："梵高是位连妻子都没娶上的穷人。"

后来，父亲带儿子去丹麦参观了安徒生的故居。儿子又困惑地问父亲："安徒生不是生活在皇宫里吗？"

父亲答道："安徒生是位鞋匠的儿子，就生活在这栋简陋的阁楼里。"

听了父亲的介绍，儿子若有所思。父亲用厚实有力的大手抚摸着儿子的头说："孩子，你看，上帝并没有看轻卑微，伟人原来也不过是一介草民。”

在父亲潜移默化的教育下，丰拉格彻底改变了，不但对自己的未来充满了自信，而且对大千世界产生了浓厚的兴趣。他立志要成为一名记者，走遍全世界。

从此，丰拉格开始为理想不懈地奋斗。大学毕业后，他如愿以偿地成为一名新闻记者。但是风无常顺，兵无常胜，他很快遭到了排挤。

有一次，一个白人记者公然将丰拉格辛苦了一个多月的采访稿件据为己有。丰拉格当时很气愤，找到主编，希望能讨个公道。事与愿违，主编竟然偏袒那个白人，根本不相信他的申辩。

这件事使丰拉格再次看清了社会的现实和人生的坎坷，但是他仍然坚信自己的未来。他不辞辛苦，深入各种险境，获取第一手新闻资料。最终，他凭借独特的新闻视角和理念获得了美国新闻界最高奖——普利策奖，开创了黑人获此奖项的先河。

莎士比亚曾说：“假使我们自己将自己比作泥土，那就真要成为别人践踏的东西了。”如果你自甘低贱，屈服于命运，那命运的轨迹就很难自动转弯。

生活绝不会怜惜失败者，在挫折面前，勇者进懦者退。每个人的命运，需要靠自己设计，自己转弯。

给自己一片没有退路的悬崖

成功是可以用胆量缔造的，有一种胆量是可以穿透梦想的。那些取得了一点成就就满足于安稳的现状，在困难面前，不敢破釜沉舟地一试的人，他们的这种“稳健”的作风，也正是他们平庸的根源。

那些刚刚走出校门的学生，多数都怀有远大的理想。但在社会上打拼几年之后，特别是那些没有较大发展的人，他们渐渐感受到衣食住行等实际需要的重要性，在获得了一个稳定的饭碗时，往往就会在时间的消耗下失去进取的锐气，无奈地满足眼前的一切。

哲人说，自己是最大的敌人，人有时最难突破的，就是自身的局限性。很多时候，一个处于困境中的人往往比那些已经取得温饱的人更有作为。想迈开脚步大干一场，又不舍得抛开自己现有的温饱的保障，如此瞻前顾后，必定无所作为。

有一个小孩子，见一只蝙蝠掉在地上，挣扎了好大一会儿也没有飞起来，心里就开始纳闷儿了：奇怪呀，蝙蝠是非常灵巧的动物，怎么落到地上之后就飞不起来了呢？

带着这个疑惑，小孩子去找他父亲。父亲把他带到了一个山洞里面。只见山洞的洞顶和洞壁倒悬着无数的蝙蝠，就是没有一只栖落在地面上的。

见儿子一副不解的样子，父亲就说：“这是蝙蝠在给自己一片危崖。”

蝙蝠为什么要给自己一片危崖呢？小孩子还是不解，它这样做岂不是让自己每时每刻都处在危险中吗？

父亲笑着告诉他：“蝙蝠一旦脱离了攀附的洞壁，就会直接摔在地上。为了避免坠落而亡，蝙蝠只有尽全力地扑打着翅膀，努力使自己向上、再向上，所以我们才看到了灵巧飞翔的蝙蝠……”

“可是，为什么蝙蝠掉到地上之后，就再也飞不起来了呢？”儿子问道。

父亲接着解释道：蝙蝠一旦掉在了地上，就再也没有悬挂在洞壁时那种“生的危险，死的威胁”的感受了。没有这种生死攸关的感受，蝙蝠也就不可能再尽全力地去飞了，而正是因为没有尽全力地去飞，才使得它永远飞不起来了！

给自己一片没有退路的悬崖，从某种意义上来说，正是给自己一个向生命高地发起冲锋的机会。当一个人面临后无退路的境地，人才会集中精力奋勇向前，从生活中争到属于自己的位置。出路还没打探明白的时候，就先开始筹划退路，这势必会影响他们开拓新生活的冲劲，进三步退两步，很难有根本性的改变。

大陆私营企业领军人物，新希望集团总裁刘永好，曾是四川省机械厅干部学校讲师。在他还没有创业时，他也是一个生活不是很富裕的人，后来，他与几位兄弟相继辞去公职，卖掉自己的自行车、手表等一切值钱的东西，凑足1000元人民币，到川西农村创业，办起良种场。

这就是干大事的人的气魄，有退路的人可以随时回避艰险，所以很难保证他前进的决心有多大，而自己把一切撤退的后路都封死，就等于封死了自己瞻前顾后的可能性。美国的企业家协会信条有这样一句话：

“我是不会选择去做一个普通人的，如果能够做到的话，我有权成为一位不寻常的人，我寻找机会，但我不寻找安稳。”

在这个时代，墨守成规，缺乏勇气的人，迟早会被时代所抛弃。处处求稳，时时都给自己留有退路，这是一种看似安泰其实充满潜在危机的生存方式。

不管在世界的哪一个角落，那些曾经赤手空拳而成功创业的人，血液里都有一种共同的“不安分因子”。切断退路，四处出击，这与中国人传统的“知足常乐”的行为准则不合，于是一些人对世事表现出一种不平的心态，他们既渴望成功，又害怕失败，偏爱坐而论道，缺乏果敢的行动。

新经济时代，胆量决定财富，四平八稳不是富人的脾气，机遇面前，敢拼才会赢。我国优秀的企业家，福海实业股份有限公司的董事长罗忠福，是做服装起家的。刚开始的时候，他并没有自己的设计师和加工厂，在1983年的一次展销会上，他直接拿出海外亲属给他孩子的几件童装参销，并且一签就是200多万元的订单。回去之后，那种兴奋和压力促使他马不停蹄地联系服装厂，很快就议定了童装的加工事宜。这一次，罗忠福在没有后路的冒险中获得了巨大的成功。

山穷水尽的背水一战，常常是富人的必修课程，尽管他们清楚这种决断之后的道路会十分艰险，但是没有这一步，人生就是一潭死水，淹没的是一个人的挑战性和创造性。

当然，大部分人同样明白机遇往往和风险相伴随的道理，只是在他们的理想之中，一直想寻找一个进可攻退可守的山头。事实上，抱着撤退的目的打仗的人，在气势上已先输了一阵，最终也难逃随波逐流，混一口粗茶淡饭的格局。

你若失去了勇敢，你就失去了一切

不管是身处校园，还是置身于社会之中，恐惧的感觉都会偶尔涌上你的心头。美国著名将领艾森豪威尔将军说："软弱就会一事无成，我们必须拥有强大的实力。"不正面迎向恐惧，面对挑战，你就得一生一世躲着它。

面对看似强大的对手的时候，千万不要胆怯和逃跑。一个人如果没有足够的勇气和信心，干什么都缩手缩脚、患得患失，害怕失败和挫折，就不会成为一个杰出的人。

有时困难在想象中会被放大一百倍，事实上，走出了第一步，就会发现那些麻烦与困难有时只是自己吓自己。每个人的勇气都不是天生的，没有谁是一生下来就充满自信的，只有勇于尝试，才能锻炼出勇气。

“我们唯一值得恐惧的就是恐惧本身，那会让我们莫名其妙地胆怯，会让我们为前进所付出的努力付诸东流。”在哈佛学子的心中，美国总统罗斯福的这句名言一直鼓舞着他们面对一切压力与挑战。

富兰克林·D.罗斯福一直被视为美国历史上最伟大的总统之一，是20世纪美国最受民众期望和爱戴的总统，也是美国历史上唯一连任四届总统的人。

但罗斯福在第一次竞选总统时就惨遭失败，随后他暂时退出政坛。不久，又因一场意外的遭遇而半身瘫痪。他瘫痪后相信自己还能成功，再次竞选时，当了总统，入主白宫。一个瘸腿人每天坐着轮椅，昂着头，挺着胸，信心百倍地去上班。他在首次就职演说中提出的那个“无所畏惧”的战斗口号，鼓舞了千千万万的听众，他说：“我们唯一值得恐惧的就是恐惧的本身。”他凭着永远不承认失败，永远不甘放弃的精神，把美利坚合众国引上了一条新的发展道路。他连任四届，成为美国最杰出的总统。

20世纪30年代，美国弥漫着对经济危机的恐惧情绪，32个州宣布无限期关闭银行。如果银行体系崩溃，几千万美国人毕生的积蓄将毁于一旦。愤怒的民众会选择什么样的方式发泄，谁也不能保证。

事实上，罗斯福已经遭遇到发泄的危险。2月15日，罗斯福在户外演讲时遭到刺杀。刺客是一个穷困潦倒的人，因此对社会充满仇恨。他原来想刺杀在任总统胡佛，恰巧遇到罗斯福演讲，于是便向他开了枪。罗斯福幸免于难，而芝加哥市长却受了重伤不治身亡。也许上帝需要罗斯福来成就一番伟业，于是让死亡降临到其他人身上。

当然罗斯福并不是只靠一句话就能使美国人民重树信心，关键是随之而来的果敢而紧急的行动，包括《紧急银行法》《重建美国政府信用法案》《紧急救济法案》等法案的实施。两周以后，整个美国变了样，摆脱了冷漠和沮丧，开始充满活力。在纽约市小学生中进行的一项民意调查中显示，罗斯福受欢迎的程度已经远远超过了上帝。一个坐在轮椅上的人，竟能够使美国迅速恢复活力，不能不说是一个奇迹。也说明美国选民作出了正确的选择，他们没有被罗斯福的轮椅遮住视线。

假如你选择了天空，就不要渴望风和日丽。年轻人爱冒险，而冒险的首要前提就是必须克服内心的恐惧。

不断进取，敢于面对一切困难，努力克服它，战胜它，这是生存的法则。相反，逃避是懦夫的作为，最终只能带来更多的危机。

一个人绝对不可在面对恐惧的威胁时试图逃避。若是这样做，只会使危险加倍。但是如果立刻面对它毫不退缩，危险便会减半。任何人只要去做他所恐惧的事，并持续地做下去，直到有获得成功的纪录做后盾，他便能克服恐惧。

恐惧是获得胜利的最大障碍。你若失去了勇敢，你就失去了一切。

去做你所恐惧的事，这是克服恐惧的一大良方。大多数人在碰到棘手的问题时，只会考虑到事物本身的困难程度，如此自然也就产生了恐怖感。但是一旦实际着手，就会发现事情其实比想象中容易且顺利得多。

现实中的恐怖，远比不上想象中的恐怖那么可怕。很多时候，成功就像攀爬铁索，失败的原因不是智商的低下，也不是力量的单薄，而是威慑于自己的无形障碍。如果我们敢于做自己害怕的事，害怕就必然会消失。

第5章 拼一切代价去奔你的前程

平庸的人每天都在不满意自己的现状，却从未有勇气去改变。他们一边抱怨着生活，却一边倦怠着生活，最终被生活狠狠地抛在了现实面前。所以，他们注定了与平凡为伍。人生，就应该拼一切代价去奔你的前程。

最怕碌碌无为，还安慰自己平凡可贵

一匹再懒惰的马，只要身上有马蝇叮咬它，它也会精神抖擞，飞快地奔跑。这就是心理学中著名的马蝇效应，马蝇效应告诉我们，需要适时地鞭策自己，方能使自己不断地前进，获得成功。一个人只有被叮着咬着，他才不敢松懈，才会努力拼搏，不断进步。通常情况下，越是有能力的人越容易自负，因为内心有着强烈的占有欲，如果任由这样的情况发展下去，自己会被自满吞噬，安于现状、不思进取；另外，有的人在遭遇了一点点挫折后就松懈了，丧失了生活的希望，自暴自弃。

其实，在这些时候，我们都需要利用马蝇效应来鞭策自己，赶走身上的自负与骄傲、畏惧与自卑，激励自己，勇往直前，迎接人生新的一天。

人生的每一天，都要活得漂亮，走得铿锵。漫长的旅途中，自己不奋斗，终归是摆设。不管我们是谁，宁可做拼搏的失败者，也不要做安于现状的平凡人。

假如你觉得安于现状是自己想要的生活，那选择安于现状的生活会让你感到幸福和满足。假如你不甘于平庸，选择一条上进、改变和奋斗的道路，那在这个追逐的过程中一样会感到幸福和快乐。所谓的成功，其实也就是按照自己想要的生活方式活着。而最糟糕的状态就是你想选择一条上进的道路时却以一种安于现状的方式生活，最后每天感慨“我并没有过着自己想要的生活”。

一句“平凡可贵”当然不是我们所能理解的那样，如果我们还年轻，如果我们还怀揣梦想，那就该努力，应该去拼搏。没有经历过奋斗的人生，我们有什么资格告诉自己平凡可贵？

大屏幕上一次次的颁奖，令人心动不已，谁都想走一次红地毯，谁都想触碰奖杯的荣誉，人生若是得此殊荣，自然是一种幸运，一种辉煌。但是，如此巨大的荣誉和成功却不是每个人都能得到的。

生活中的我们如此平凡，但是，请不要忘记为自己加油喝彩。美国的一位心理学家曾说：“不会赞美自己的成功，人就激发不起向上的愿望。”随时为自己加油往往能带给自己欢乐和信心。当你的信心增强了，又会鼓励你获得更大的成就，与此同时，你的自信心将会进一步增强。

但在现实生活中，有的人对自己缺乏信心，他们总是期望得到别人的掌声。对于这样的情况，一位成功者说：“别在乎别人对你的评价，否则，会成为你的包袱，我从不害怕得不到别人的喝彩，因为我会随时为自己鼓掌。”在人生的路途中，我们要保持思路清晰，随时为自己的壮志加油喝彩！

生活中有许多困难与挫折，面对这些困境，许多人总是不由自主地说“我不能……”在这样一种心理的影响下，他们不敢正视现实中的挑战，对自己缺乏信心，最后导致自己的潜力并没有得到充分的发挥。

其实，许多人不能成功的原因在于：缺乏自信，总是被“我不能”左右。所以，不妨试着把“我不能”埋在地下，相信自己，为自己加油鼓劲，用积极乐观的心态来面对一切，这样那些困难与挫折就会迎刃而解。

若想变“不可能”为“可能”，就应有必胜的心态。当我们去做某件事情的时候，内心的信念直接决定了这件事的结果。一个悲观失望、犹豫不决、畏缩不前的人，大多不会成功，而只有对自己做事抱有必胜信念的人，才会成为最后的成功者。

永远不要让“不可能”禁锢自己的手脚，对自己要充满信心，随时为自己加油，勇敢地向前迈一步，坚持到底，那么，“不可能”就变成了“一切皆有可能”。不可否认，为自己加油是找回自信的最佳途径。不断地为自己加油，告诉自己“我一定能行”，通过肯定自己来不断地增强你奋力向前的信心，从而获得成功。

无论是生活中还是工作中，我们都难免遭遇坎坷、曲折、磨难，这时，我们会感到痛苦、迷茫，但是，这些都不是最可怕的，可怕的是自己先否定自己，自己摧毁自己。

在关键时刻，更需要相信自己，为自己加油，要坚信命运的钥匙永远掌握在自己的手中。摔了跟头，应该立即爬起来，为自己鼓劲，为自己喊声“加油”；当我们取得一次小成就的时候，应该对自己说“我真棒”；当困难来临的时候，记得给自己打气，对自己说“我一定能行”。那些能为自己加油、喝彩的人，他们一定是成功生活中的强者。

生存取决于改变的能力

任何时候，年轻人总是自信而勇敢地追求自己的人生，从来不以唯唯诺诺的行为来敷衍了事。唯唯诺诺是形容自己很没有主见，心中没有主意，总是一味地顺从，恭顺听话，对一些既成的事实深信不疑，缺乏一定的怀疑精神。在他们身上时常显露出这样的特点：嘴里好像从来不说“不”，总是“好”“是的”；面对他人的提问，只点头不摇头。

也许，有人会问：难道他们就没有自己的想法和立场吗？当然不是，他们之所以唯唯诺诺是源于内心的不自信，以及缺乏表露想法的勇气。

人生是有竞争的地方就有风险，甚至有时还要承担因失败所致的责任。不过，在对自己有充分自信的前提之下，迎着风险向前，有时正是收获成功的良机。一个人如果想成就一番事业，或赢得卓越的成功，就必须把自己从胆怯和怯弱的内心里解救出来，同时具备独立自主、敢于冒险的精神。可以说，人生最大的价值就在于冒险，整个生命就是一场冒险，走得最远的人常常是愿意去冒险的人。其实，冒险不仅仅是一种勇气和魄力，其非比寻常的意义在于，不管最后的结果是成功还是失败，我们都不要停止奋斗和拼搏，珍惜这样的精神，并长存下来，这就是拼搏的人生。

当不自信变成一种习惯的时候，那么唯唯诺诺的个性就已经诞生了，因此，克服自己唯唯诺诺的缺点，就必须学会相信自己，不仅如此，我们还应该勇于挑战自我，这样我们才能塑造充满勇气的自信人生！

人生在世，谁不渴望出人头地？美国成功哲学演说家金·洛恩说过这么一句话："成功不是追求得来的，而是被改变后的自己主动吸引而来的。"我们之所以没有成功，是因为在我们身上存在着许多致命的缺点，如自私、傲慢、急躁、没有明确的人生目标、缺少自信、做事情不脚踏实地、没有耐心等，这些缺点严重制约了我们的发展。只要对自己进行深刻的检讨，采取改进措施，你的精神面貌就会发生巨大变化，会感觉到自己在一天天地向成功迈进。改变自己就要学会接受新事物，因为每个人都有着无限的潜能等待开发，只可惜，我们往往限制住自己的心态。

科技进步的速度快得惊人，相对也引导社会各方面的发展，如果你仍一味地沿用旧的思想、旧的做法去做人做事，那就会被社会淘汰。所以千万不要当个死硬派，很多不该再坚持的观念，何苦抓住不放呢？接受新思想，摒弃不适当的旧观念，会使你改造自己，成为扩大格局的好起点。

有人会说："我是很想立即改变现状，但周围的大环境就这样，不允许，没办法呀！"他必定是忘了：一个人在面临无法改变的环境的时候，首先要学会改变自己，自己改变了，环境也会随着改变。西方有句谚语："生存取决于改变的能力。"不少人往往是既想改变现状，又害怕承受痛苦，结果把自己弄得既矛盾又挣扎，折腾了一大圈又绕回到起点。改变是痛苦的，但是，如果不改变，那将是更大的痛苦。

成功学专家陈安之说："不要把赚很多钱当作你人生最重要的目标。只要你能够成为最好的人物，最好的事情也就会发生在你身上。当你想要得到一切最美好的事物，你必须把自己变成最好的人。"所以，在失意的时候，不要急着抱怨这个世界不公平，世界从来不会因为某个人的抱怨而改变。不如改变自己来适应环境，如果人是正确的，他的世界就是正确的。

适者生存，这是人类一切问题的答案。试图让整个世界适应自己，这便是麻烦所在。试图让一切适应自己，这是很幼稚的举动，而且是一种不明智的愚行。想要改变世界很难，而改变自己则较为容易。如果你希望看到自己的世界改变，那么第一个必须改变的就是自己。

每一次选择都是将来生活的底片

在漫漫人生道路上，有着这样或者那样的选择，小到升学，大到择业。是的，在我们的一生中，不知道面临了多少次选择。每一次选择都会带来不同的结果，有的成功了，有的却失败了。虽然，成功与失败并不是我们所能决定的，但是多多少少与你的选择有关系。

当你选择对了，那么你成功的几率就会大很多，事实上，在某些时候，选择会直接决定你的成败。有人喜欢平坦的大道，有人喜欢曲折的小路，不过，在这里建议所有人：当你迷失的时候，选择更艰辛的那条路。因为困难的路越走越容易，容易的路越走越难。

什么样的选择就决定着什么样的生活，什么样的目标就决定着什么样的结果，每一次选择都是你将来生活的底片。所以，每一次选择都必须慎重，这样你才有可能为自己选择一个对的方向，促使着人生走向成功。否则，你只会为你不负责任的选择而埋单，那将是痛苦的失败。那么，认真审视，尽可能地把每一次机会都选对，这样你离成功就越来越近。

有人选择了安逸的生活，有人选择了更为艰辛的那条路。年少时背井离乡，忍受着孤独寂寞，开心时没人分享，难过时没人可倾诉，人生就是这样。奋斗的年龄选择了努力，就需要耐得住寂寞，守得住繁华。

年轻人，就应该选择吃苦。在孤独的奋斗旅程中，谁会同情你的悲伤，谁会可怜你的懦弱，谁会陪你在原地休憩。我们只有把命运掌握在自己的手中，才能找到生命的闪光。从现在开始努力吧，哪怕看不到未来的希望，依然相信自己，你所感受到的压力不是别人比你努力，而是那些比你更优秀的人依然在努力。如果工作遇到挫折就放弃，生活遇到困难就怨苦，除了唉声叹气，就是怨天尤人，那安逸就注定了你平庸的开始。

世界上最可怕的两个词，一个叫执着，一个叫认真，执着的人改变命运，认真的人改变自己。舍弃安逸的生活，选择努力奋斗，只要他们在坚持的路上，就没有到不了的地方。不是每个人都能成为自己想要的样子。但是，我们可以努力成为自己想要的样子。相信自己，选择最泥泞的那条路，便可破茧成蝶。

人生总会有遇到迷茫而不知道如何选择的时候，决定你能成为什么样的人，不是我们的能力，而是我们的选择。泥泞而又艰辛的路往往会留下清晰的脚印，年轻人，请不要在最能吃苦的时候选择安逸，为了到达终点，请付出别人难以企及的努力。

在这个世界上，有两种人很可能一生一事无成：一种是自甘堕落、无所追求的人；另一种是那些轻易就觉得满足，从此不思进取的人。对于大多数受过高等教育的年轻人而言，理想教育在他们心底早已根深蒂固，教育专家们所担心的不再是个人的盲目、无知，而是要考虑怎么帮助他们树立可行的、实际的目标和理想。

因此，我们说，这一代的年轻人，如果了此一生时仍无所作为，那他多半属于容易满足的人。古人云："路漫漫其修远兮，吾将上下而求索。"这是对知识、对自我的一种永不满足，也只有这样的人，才能最终成就他的伟大。

被无知蒙蔽双眼、绊倒自己，其中可悲与悔恨想必每个人都曾有过。并不是我们天生愚昧，而是认识自己、认识事物时，没有尽快地跑到最终。认识自己、把握自己，从而不断地"修筑"自己，你的事业才能尽快扬帆远航。在远行的途中，任何光彩夺目的成就只是迈向事业成功的一小步。只有不满足于现在的成就，才能认识到自己在成功的道路上只走了一小步；只有不满足，才会懂得不断地提高和完善自己；只有不满足，才会渴求下一次更大的成功。

人生要学会知足，不过别轻易满足。每个人的一生，总会走许多路，有的是笔直大道，有的是羊肠小径，这路边有繁花似锦，也有荆棘丛生，不管怎么样，路是要自己走的，苦也要自己吃，任何人都没办法给予你全部的依赖。

优秀的人永远把现在的成就看作是一个新的起点，现在的成功只是万里长征中的第一步；而普通人取得一点成就，就扬扬得意，满足于现状。所以，优秀者一步一步从优秀走向卓越，而普通人故步自封，往往坐吃山空。

对成功而言，恒心就是力量

比尔·盖茨说：“社会是不公平的，我们要试着接受它。”在这个世界没有绝对的公平，假如真的绝对公平了，反而会是另外一种不公平。一个人从呱呱坠地开始，就有很多不公平，有可能是出生背景不同、家庭关系不同，这些对我们而言都是一种不公平。

如何缩小与他人之间的距离？唯有坚持才是出路。每天我们为了生存，不得不坚持地挣扎着，以争取属于自己的那片天地。但在很多时候，我们坚持了，却没有得到期望的结果。这时不要较真，不要哭泣，也不要怨天尤人，我们需要平静地面对这个世界，因为在这个世界没有绝对的公平，只有坚持才是唯一的出路。

面对世界的不公平，任何的抱怨以及堕落只会成为你失败的烂借口，唯有坚持才是抵达梦想的基石。世上没有什么东西能够代替坚持，才华不能代替它，那些有才华的人不能成功的实例太常见了；天赋不能代替它，“没有回报的天赋”都快成一个俗语了；接受教育也不能代替它，世界上到处都是接受过教育而不得志的人。所以，只有坚持才是唯一的出路。

人的成长是一个漫长的较量，能否取得最后的胜利，不在于一时的快慢，如果你能够在自己成长的道路上静下心来，遇到困难不气馁，不灰心，矢志不移地前进，那么最终你必将获得胜利。

在人类历史的长河中，多少卓有成就的人都是这样成功的。宋代司马光编写的《资治通鉴》，历时19年才截稿，但那时他已经老眼昏花，不久就去世了；明代李时珍撰写《本草纲目》，几乎跑遍了名川大山，收集了多少资料，耗费了整整27年的时间，才铸就了这部名著；谈迁花了20多年的时间才完成《国榷》，不料完成之后书稿被小偷盗走了，无奈之下，他又开始重新撰写，用了4年的时间才完成。

这种例子足以说明，无论做什么事情，只有持之以恒，呕心沥血，竭尽毕生，才能达到成功的巅峰，若只有三分钟热情，最终你将一事无成。

在生活中，做事不能只有“三分钟热情”，而是需要在保温中加温，需要持之以恒，这样才能有所为有所不为。现代社会，不少年轻人在刚开始工作时满腔热血，但时间久了就慢慢地懈怠了，最终一事无成。

其实，工作不是仅仅依靠热情就能做好的，它更需要坚持，坚持，再坚持，只有这样，你才是真正的职业人。或许，我们都听过龟兔赛跑的故事，在生活中，“龟兔赛跑”的例子并不鲜见，有的人成了爱睡觉、对事情三分钟热情的“兔子”，他们总是情绪不稳，一会儿想要夺冠，一会儿想要偷懒，结果造成了三分钟热情的现象。而有的人则成为慢腾腾的“乌龟”，虽然跑得比较慢，但他们情绪和心态都比较稳定，抓住了一个目标就认真地去完成，反而适应了社会的规律，最终夺冠。那些做事只有三分钟热度的人，他们似乎还没有进入真正的角色，有些人甚至对做事很不耐烦，他们的热情就好像是一种预警，预示着他们会放弃，或者被社会淘汰，在更多的情况下，他们往往会在东奔西跑中一事无成。

生活中，那些“三分钟热情”的先生和小姐，尽管他们接触了不同的工作，牵涉了不同的行业，但最终他们做不成任何一件事情，他们只是在寻求猎奇的过程中获得了满足。相反，那些只做了一件事情并坚持到底的人，他们在某个行业或某个领域达到了一定的高度，他们才是真正的成功者。

有人问著名的组织学家聂弗梅瓦基为什么一生都花在研究蠕虫的构造上，聂弗梅瓦基回答说：“你可知道，蠕虫这么长，而人生却这么短。”的确，一个人的生命是有限的，而科学研究是无止境的。简言之，如果你想获得任何一项事业的成功，就必须持之以恒，甚至付出毕生心血，对于成功而言，恒心就是力量。

眼前的苦与累是暂时的，只要未来可期

成功是建立在全力以赴，尽职尽责做好日常工作的基础之上的。千万不要小看一些事情，因为它往往是决定成败的关

键。做每一件事情，年轻人都需要全力以赴、尽职尽责，当他在完成一项事情的时候，不管结果怎么样，总是先问自己：在做这件事情的时候，自己是否考虑全面了，自己是否竭尽全力？这才是成功者通常的习惯，也正因为喜欢这个习惯，使得他们在每一次坚持中总能收获很多，因为每一个细节他都考虑到了，他从来不做半途而废的事情。

每个人都有极大的潜能，通常情况下，一般人的潜能只开发了2%~8%，即便像爱因斯坦那样伟大的科学家，也只开发了12%左右。有人为此得出了这样一个结论：一个人假如开发了50%的潜能，就可能学完十几所大学的课程，还可以掌握二十来种不同国家的语言。如果我们还在坚持辩解说“我已经坚持了”，那只能说你这样的辩解是苍白的，因为仅仅坚持还不够，必须全力以赴才行。

做任何事情都是一样的道理，当我们全力以赴，破釜沉舟，就一定能成功。假如我们心中先有预想，万一失败了，已经找好了退路，那么成功就比较困难。

眼前的苦与累又算得了什么呢？再苦再累，那只是暂时的，只要熬过了这段时间，那未来的日子是值得期待的，因为苦尽甘来，我们所能尝到的是成功的滋味。

上帝总是在让你尝到快乐与幸福之前，习惯性地给我们一些考验，即便在我们看来这个考验的过程是又苦又累的，但只要我们全力以赴，坚持支撑，即便遇到再大的困难与挫折，也选择不放弃，那我们就一定能品尝到成功的快乐。

当我们毫无保留，竭尽全力地去做一件事情的时候，结果往往是成功的。在生活中，这样的例子是很多的，有些事情从表面上看是极其困难的，但只要我们全力以赴，不保留，不妥协，不总是想着自己还有退路，那我们最终是可以成功的。

或许，有人会说，不留退路是不明智的选择，有了退路，才能在危险的浪潮中获得更多生存的机会。然而，人们很容易忽视，对于大多数人而言，退路往往是诱惑人、蒙蔽人的因子，只要想到了退路，就会觉得这次不全力以赴还有下次机会，而在这个时候，成功往往与我们失之交臂。

在很多时候，我们之所以失败了，不是因为路途太艰难，而是我们丧失了继续前进的勇气，也就是说，我们没付出全力。只有不留退路，才更容易找到出路。反之，如果你总是想着退路，就很难获得成功。一个人若是太纵容自己的懒惰和欲望，就很容易迷失方向。

人生在世，我们总会遇到这样或那样的打击，轻则失业，重则身体残缺，但无论多么残酷的打击，却抵不过人心的坚韧。人的心就好像生长在水泥与墙壁的夹缝中的小草一样，在哪里落户，就在哪里生根；在哪里生根，就在哪里发芽；在哪里发芽，就在哪里生长；在哪里生长，就在哪里茁壮。

虽然，看起来弱不禁风，却显示了极其顽强的生命力，因为心的坚韧，它始终以顽强的姿态生活着，不屈不挠，不卑不亢，即使遇到再残酷的打击，它们也会昂首于风雨中，这就是人心的坚韧。

人只要学会了忍耐一切，那在这世界上所有的灾难和痛苦都算不了什么，在忍不住的时候再坚持一下，在绝望的时候想一想前方的希望，就这样，在所有残酷的打击之后，我们依然可以顽强地活下来。不仅如此，我们还带着希望和信心活了下来，那内心的希望和信心将铸就我们明日的成功。

孟子说："天将降大任于斯人也，必先苦其心志，劳其筋骨，饿其体肤，空乏其身，行弗乱其所为，所以动心忍性，曾益其所不能。"即使周围的环境太艰苦，或者自身所受的折磨太痛楚，但如果你懂得忍耐，保持内心的坚韧，就一定能拥抱成功。反之，如果你一直都怀着消极的心态去生活，不仅对成功没有半点促进作用，还会阻碍自己前进的脚步。

俗话说，"虱子多了不咬人"，所以，困难多了也不压人。遇到困难，唯一的选择就是面对。

残酷的打击算得了什么呢？那不过是促使我们更加勇往直前的力量，保持内心的坚韧，忍耐所有来自生活和人生的打击，努力扛起所有的痛苦与灾难，一步一步地走向辉煌的明天。

保持坚韧，耐心与耐力并存

人们很少会把“坚韧”“执着”两个词语用在女人身上，似乎女人天生就是柔弱的代表，她们难以执着，也无法坚韧。事实上，人们有这样的想法是源于封建社会的思想，当下的女性代表们，将“坚韧”“执着”这四个字发挥得淋漓尽致。在各个行业，在各个部门，女性开始崭露头角，在她们身上，所烙印的不再是“弱者”，而是“强者”，在耐心与耐力的并行下，她们创造出了属于自己的一片天空。

看着那些坚韧执着的女人，我们所感受到的不仅仅是震撼，还有骄傲，还有一份沉甸甸的责任。原来，坚韧执着并不是男儿本性，所谓“巾帼不让须眉”，与时代共舞的女性将展现出更亮丽的风采。

回顾女性成长的历史，我们发现，坚韧与执着时而会交替出现。在旧社会里，女人要裹足，这意味着女人的自由发展需要受到限制，而且，在当时的道德体系里，所倡导的是“男尊女卑”的思想。在这样的情况下，女人对自身潜能的开发极为有限。然而，表面看似柔弱的女人，内心却执着坚韧：女扮男装、金戈铁马的花木兰；“貂裘换酒也堪豪”的秋瑾。

其实，作为新时代的女性，她们不仅继承了前辈的光荣传统，还将其发扬光大。例如，杨澜用自己的坚韧与执着开创了一道美丽的风景线，中国女足凭着自己的坚韧与执着走向了世界。

杨润丹是美国杨氏设计公司的总裁，同时，她也是一位资深生活设计师。早年，她毕业于纽约大学的室内设计专业，后来在美国密歇根大学获得硕士学位。作为设计行业的领军人物，她已经从事设计工作三十年了。在工作中，她倡导创造高品质的生活，并将不同的潮流理念带入室内外的设计中。与此同时，她所创造的品牌不断发展壮大，得到了越来越多人的支持与认可。

初识杨润丹，发现她是一个优雅恬淡的女子：细柔的言语、恬淡的笑容。但是，随着交谈的深入，很快发现她并不是一个柔弱的女子，在她的骨子里有着一份比男人更强的坚韧、执着。在受传统思想影响的社会，一个女人想要做成事真的很难，她们往往比男人付出更多，却收效甚微。杨润丹说："我并不想做一个女强人，也不喜欢别人这样称呼我。在中国，大部分的女性都很优秀，而我只是找到了自己想要去坚持和努力的信仰，凭着那份坚韧与执着一步步走下去而已。"

早年，移居美国的杨润丹随着父亲第一次踏上中国，后来，由于设计便常常往返于中国与美国之间。随着对中国的熟悉，心有志向的杨润丹决定在中国成立工程公司。刚开始创业的时候，她白天做设计，晚上去工地检查、指导、学习，回忆那段辛苦的日子，她说："一个女人在中国在北京，没有任何背景，没有任何关系，一开始赔光了很多钱，无数次地想背包回去不来了。在那会儿我还生病，可是我想这么多人跟着我，人家把工作给我，就是相信我，所以，我只能成功，不能后退。”

杨润丹，这就是一个耐心与耐力并行的女子，她心中的那份坚韧与执着，为其成功奠定了扎实的基础。

若是问到成功的秘诀，杨润丹坦言：“耐性是杨氏在中国成功的秘诀。”在现实生活中，女性所面对的压力很大，比如，在下岗的职工中，女性所占的比例是最大的，还有一些公司的用人要求明显带着性别歧视。在这样的情况下，女性就愈要彰显新时代风采，拿出内心的坚韧与执着，朝着自己的梦想、目标前进。所谓“江山代有才人出”，在新的机遇、新的挑战中，我们坚信，将会有更多的巾帼英雄脱颖而出。

那些坚韧执着的人，从来不缺乏耐心与耐力。其实，做人与做事有异曲同工之妙，做成一件事情，必然要经历挫折与困难，在这时若是不够坚韧，缺乏执着的精神，那么，事情肯定不会成功。做人也是一样的道理，保持内心的坚韧与执着，耐心与耐力并行，不断修炼自己的性格，如此，你才会成为新时代的靓丽女性。

第6章 不要一遇沙漠就怀疑生命的绿洲

自古以来的伟人，大多是抱着不屈不挠的精神，从逆境中挣扎奋斗过来的。即便是哲学家王阳明也是经受过诸多折磨与困苦，才达到了圣贤的位置。百糖尝尽方谈甜，百盐尝尽才懂咸。动心忍性，心之所向终会抵达。

忍耐是痛的，但结果是甜的

人生因充满坎坷的历练才变得多姿多彩。也许我们都不欢迎磨难的到来，但当它与你不期而遇时，请不要掉头或转向。磨难是一个魔鬼，一旦它看上你，就会对你穷追猛打，不舍不弃。选择躲避甚至逃跑的人，只会被它欺负得更加悲惨。

凡成大事者，必须经得起磨难的历练，经得起失败的打击。成功需要风风雨雨的洗礼，一个有追求、有抱负的人，总是视挫折为动力，有一句话说得好："能受天磨真铁汉，不遭人嫉是庸才。"所以说，磨难对于天才是一块成功的跳板，对于强者是一笔宝贵的财富，而对于弱者，就是使之坚强的臂力器。磨难是一所包罗万象的大学。

命运赐给我们机遇和幸福，同时也给我们缺憾和苦难，我们没有必要畏缩自卑，更没有必要怨天尤人，用坚强的意志和刚毅的态度对待磨难，用豁达的心态对待生活，就会多一些希望，多几分幸福。

有一句名言："请享受无法回避的痛苦，比别人更早更勤奋地努力，才能尝到成功的滋味。"只有忍耐风雨，才会等来彩虹。自古以来的许多卓有成就的人，大多是抱着不屈不挠的精神，忍耐枯燥与痛苦之后，从逆境中奋斗挣扎过来的。在人生的道路上，我们常常会遭受不同的挫折与困难，面对挫折，人们有着不同的理解，有人说挫折是人生道路上的绊脚石，有人却说挫折是垫脚石，所谓“百糖尝尽方谈甜，百盐尝尽才懂咸”。与河流一样，人生也需要经历洗练才会更美丽，经过枯燥与痛苦之后，才能收获成功的果实。

忍耐枯燥与痛苦是成功的必经之路。人生不可能是一帆风顺的，总会有这样或那样的挫折与困难，在这个过程中，就需要我们去忍耐这个战胜挫折过程中的枯燥与痛苦，甚至是失败。如果你想赢得成功，就不得不忍耐这路程中的枯燥与痛苦，失败与辛酸，在忍耐之后继续奋斗，这样你才有力气走到最后，才能走向通往成功的路途。

童年时期的施罗德曾在杂货铺里当学徒，那时他常说的一句话是：“我一定要从这里走出去！”他成功了，而且，比自己想象中走得更远。即使，在成功的路上伴随着困难，但是，施罗德从来不把困难当成一回事，儿时的记忆让他明白：自己必须忍耐贫穷生活带来的枯燥与痛苦，不断地前行，这样才能等来彩虹。

如果经不起挫折，忍受不了挫折带来的痛苦与失败，我们将沉埋在毫无希望的生活里，永远没有前进的方向。凡是能够成大事者，他们必须耐得住痛苦，忍受得了失败的打击，因为成功需要风风雨雨的洗礼，而一个有追求、有抱负的人，他总是视挫折为动力。

“天将降大任于斯人也，必先苦其心志，劳其筋骨，饿其体肤，空乏其身，行拂乱其所为，所以动心忍性，曾益其所不能。”在忍耐了那么多的枯燥与痛苦之后，我们将看见最美丽的彩虹。

不管多么煎熬，也要熬过去

查尔斯·詹姆士·福克斯对那些面对艰难从不灰心丧气的人，总是寄予厚望，他说：“年轻人首次登台亮相就博得满堂喝彩当然不错，不过我更欣赏在失败后还能一再尝试的年轻人，这才是生活的强者，他们往往比首战告捷的人发展得更好。”在追寻梦想的路程中，挫折与失败最能考验人的意志，也最容易让一些人胆怯、恐慌、生气和抑郁。但是，只要我们坚持心中的梦，忍受艰难时刻，最终会等来梦想照进现实的一天。

生命中，往往是那些艰难的时刻成就了我们。生命中没有逆境，也就无法使才能与智慧获得增长。如果你想采摘玫瑰，就不要怕刺扎破手指。人的一生中不可能只有成功的喜悦而没有遭受挫折的痛苦，一个人如果能在失望中与绝望中看到希望，抓住新生，他就已经获得了一半的成功。

年轻人若想成为优秀的人，那就需要经得起挫折的历练，经得起艰难的磨砺，因为成功需要风风雨雨的洗礼。一个有追求、有抱负的年轻人，他总是将艰难时刻当作动力。敢于乘风破浪，让困难成为自己的垫脚石。艰难时刻对于自立的年轻人来说是一块成功的跳板，对坚强的年轻人来说则是一笔宝贵的财富。

宣永光曾说：“困难是欺软怕硬的。你愈畏惧它，它愈威吓你。你愈不将它放在眼里，它愈对你表示恭顺。”生活中的艰难是必然的，所以，当我们遇到它时没有必要怨天尤人。面对艰难，不要畏惧，迎难而上，直面困难，将生活中的每一个艰难都当作上天对我们的考验。

只要我们心中怀着必胜的信念，对自己说：“我能行！”那么，那些艰难的时刻最后往往会成就我们。

易卜生说：“不因幸运而故步自封，不因厄运而一蹶不振。真正的强者，善于从顺境中找到阴影，从逆境中找到光亮，时时校准自己前进的方向。”其实，每个成功者都曾经历过失败，只是他们是用自信心和坚强的意志，战胜挫折迎来成功。可以说，成功者大都是经历失败最多、受挫最重的人，他们在不能坚持的时候，选择了再等一下，再等一下，最终迎来了风雨之后的彩虹。

年轻人，你是否有耐心在这种绝望时再等一下，哪怕再等一下！偶尔的困难与挫折是生活中不可避免的常事，任何的抱怨与难过都毫无用处。所以，年轻人需要做的，就是乐观地坚持自己的生活。当别人都放弃的时候，依然坚持不懈，直到成功的那一天。

面对同样的一件事情，不能坚守，不会选择，不懂思考便不会有所成就。很多人在本该放手一搏的时候，却犹豫彷徨。不愿意再试一下，不想再付出看似多余的努力，而去贸然地选择一条看似明智的路，最终的结果只是在一再地变换自己的目的地，就连上帝也被你弄得晕头转向，不知道该把金子放在哪里。

德迈斯特说：“成功的秘密在于知道怎样等待。”大家知道织锦是怎么做成的吗？是时间和耐心把桑叶变成云霞般美丽。没有播种就没有收获，年轻人必须耐心地、满怀希望地长时间等待，才可以尝到最甜的果子。

生活本身是由无数个目标组成的，亦是由无数个对目标的等待组成。不管是成功还是幸福，都不会一下子来临，这期间的等待是必然的。一旦我们承受不住煎熬缺乏耐心的时候，成功也会随之而去。

要想成功，就必须等待，而且要学会等待，善于等待，再坚持一下，再等一下，说不定就有奇迹出现。成功前的等待是煎熬的，忐忑不安，渴望成功，又担心失败，这期间的情绪是复杂的。但是，不管多么煎熬，请对自己说：再等一下。

在忍耐中前进，在奋斗中解脱

所谓“忍一时风平浪静，退一步海阔天空”，学会在忍耐中等待命运转折的时机。大凡成大事者，必定能忍得一时之辱，容得一时之痛。忍耐是一种品质，一种精神，更是一种成熟，一种理智。因为忍耐，在磨难挫折面前坦言豁达而不灰心丧气，它似乎可以给人生一种奋进的力量，在布满荆棘的道路上，在变化莫测的航行中，忍耐给予的生命光芒在信念中闪烁。

当然，忍耐并不是坐在那里默默地忍受一切，而是从心理上接纳所面临的事情。当生活中的挫折与困难迎面而来的时候，暂且不去下判断，不论遇到多么大的事情，最好暂时忍耐一下，也许到了下一刻事情会有解决办法。

一个人成功的过程无异于一颗沙粒变成珍珠的过程，在这个过程中，你需要经历痛苦与枯燥，而且你必须等待着，忍耐着。当你走完黑暗与苦难的隧道之后，你才会发现，原来平凡如同沙粒的你，在不知不觉间已经成为价值连城的珍珠。

或许，别人都耻笑韩信懦弱，但韩信本人却不以为耻。实际上，当时，韩信绝不是不敢刺屠夫，而是因为韩信胸怀大志，不愿与小人多生是非，如果一剑将那个屠夫刺死了，自己难以逃脱。因此，他甘受胯下之辱，他知道“小不忍则乱大谋”的道理，暂时忍受时光的煎熬，等待一个可以施展自己一身才华的机会来临。

等待是一种崇高的人生境界，古人曾作的《百忍歌》中有这样的句子：“忍得淡泊养精神，忍得勤劳可余积，忍得语言免事非，忍得争斗消仇冤。”等待不是软弱，反而是一种大度。等待也不是妥协，而是一种胜利。

在生活中，学会审视一下自己，我们根本没有理由对周围的一切都那么苛刻，要学会等待和忍耐，这样会让生活变得更加轻松。

努力，往往是一些细小的事情为成功打下基础。那些细小琐碎的事情充满了单调、乏味和寂寞。当然，事情并无大事、小事之分，不管我们如何努力，总要把事情做完。年轻人在平凡的生活中，凡事力求高效、完美，体现服务和奉献精神，才能在众人中脱颖而出。许多年轻人，应该保持正确的心态，培养承受寂寞的能力。

努力的路充满了艰苦，而这条路永远都不会一帆风顺。不管是坎坷、无奈，还是寂寞和孤独，都常常伴随在努力者身边。在努力的过程中，当寂寞成为一种内心感受，成为生活的常态，成功看似很遥远，实际上它已经慢慢到来。在努力的路途中，能忍受寂寞，就是在守候成功。

努力从来都是伴随着痛苦和寂寞，寂寞就是努力路途上所必须承受的。年轻人，谁又没有遭受过寂寞，谁又没想过摆脱寂寞呢？一旦决定了努力，就需要做好承受寂寞的准备，至少在成功之前必须努力。一个人匍匐前行，没有鲜花，没有掌声，没有赞美，甚至还得到了一些嘲笑和打击，几乎没有人来关注你这个默默的人。在成功到来之前，为梦想努力的人不仅过着寂寞的生活，还要继续努力。有的人在路途中就选择了放弃；有的人却将寂寞当成了储蓄，一天天的寂寞汇聚成更丰富的财富，永存在自己的人生中。

著名导演李安在成名之前，大约有六年的时间待在家里做家务。在这六年时间里，他每天除了做家务就是看书、看影片、看剧本。

他努力着，忍受着寂寞的侵蚀，在寂寞中学习、积累、成长，终于成为令世界瞩目的大导演，成为华人的骄傲。如果他忍受不了寂寞，放弃自己的追求，那他就不会有今天的辉煌成就。

寂寞是人一生中不可缺少的组成部分，伴随着成长，寂寞一步步进入人们的心里，一天天增强扩散。

人只有在努力中煎熬，才会慢慢成熟，眼前也才会出现一道道别样的风景。“古来圣贤皆寂寞，唯有饮者留其名”，唐朝著名诗人李白就是一个懂得享受寂寞的人，他自诩孤独的行者，自饮自乐，自歌自舞，承受寂寞，才成就了他“诗仙”的美誉。

在努力过程中，学会寂寞就是在拒绝诱惑。当对梦想的渴望更强烈，对成功的目标更坚定，承受住寂寞，就是走向成功。过早地妥协，只会让自己离成功越来越远。要么为了不寂寞而甘于平庸，要么为了成功而甘于寂寞，人生就是这样，总是带着缺憾的美。没有谁的人生是完美的，为了成功先学会承受寂寞吧！

在不利与艰难的遭遇里百折不挠

当我们笑谈生死时，我们是否真正懂得看破的意境，当我们妄言快乐时我们在生活中是否已然背起足够的痛苦。

曾有人说，成功的人生是痛苦与失败的交织，是磨难与顺利的交替。卓越的人生从卓越的目标开始，卓越目标的背后必然是充满荆棘和坎坷的路。经受了荆棘的刺痛和坎坷的摔打，追求成功的意志才会坚强起来。历练是人生不可多得的宝贵财富，拥有了这笔财富，就没有什么困难不能克服，没有什么曲折可以把人击倒。丰富的人生历练是走向成功的奠基石。

拥有18亿身价的俞敏洪是新东方教育集团的创始人。1980年经过两次高考落榜后，俞敏洪考入北京大学外语系，在北大读书，俞敏洪不会吹拉弹唱，不会说普通话，他经常遭到老师和同学的“白眼”。英语老师评价俞敏洪说：“只能听懂‘俞敏洪’三个字，鹦鹉都不如。”这些刺耳的话语令他刻骨铭心。之后，他一天十几个小时地狂听狂背，创纪录地熟练掌握了8万个英语单词。

1984年俞敏洪留校当了教师，却依然被北大“边缘化”。六七年之后，为了赚取出国学费，俞敏洪就到校外的民办外语培训机构教课，被北大发现后受到了严肃的通报批评。他愤然辞职开始了新东方创业历程。之初，他租用中关村二小的一个小平房，自己拎着糨糊桶，不得不在零下十几度的冬夜到处张贴招生广告。1995年，新东方急速发展壮大起来，拓展了业务领域，完成了向现代公司的转变。到年底时，在校学生数已经达到千人的规模。

据公开资料统计，现在每年有近1000万人在接受着新东方的英语培训。2005年9月7日，新东方成功登陆纽约证券交易所，发售了750万股美国存托凭证，一举融资额为1.125亿美元。新东方成了第一家在海外上市的中国教育培训公司，俞敏洪成了有史以来中国最富有的教师。

俞敏洪的成功是历练的结果。其坎坷不平的人生道路造就了俞敏洪不屈不挠的性格，造就了俞敏洪踏实前行的人生之路。他的经历告诉我们，成功的人生必然要接受艰苦的历练。人生旅途道路曲折，有高也有低，有起也有落，挫折是客观存在的。有人说，人生是由幸福和痛苦组成的一串珍珠。谁也无法回避四季的风雨冰霜。逆境只能使成功者受到历练，除此不会有任何伤害。要有一种战胜挫折的信心和勇气，锻炼人的品质，磨砺人的意志，激发人的智能，增长人的才干，显露人的本色。

曾国藩说："吾平生长进，全在受挫受辱之时，打掉门牙之时多矣，无一不和血一块吞下。"受不了在苦海中历练，经不起挫折考验的人，永无希望，永无前途。

命运赐给我们机遇和幸福，同时也给我们缺憾和苦难，我们没有必要畏缩自卑，更没有必要怨天尤人，用坚强的意志和刚毅的态度对待磨难，用豁达的心态对待生活，就会多一些希望，多几分幸福。

意志坚强的人认为世上无难事，越是遭受悲剧和打击，越要表现得坚强。一个拥有坚韧精神的人一定不会怀疑自己是否可能成功，也从来不惧怕失败，因为他们只有必胜的信心和坚韧的精神，只知道不断向前冲，不断向目标靠近。

谈及《哈利·波特》，想必每个人都能说上两句。但很少有人知道，这本书的作者J.K.罗琳是哈佛大学的荣誉博士。罗琳在接受哈佛大学荣誉博士学位的演讲时说，人们有一个共识：人可以从挫折中变得更聪明更强大，这句话意味着人从此对自己的生存能力有了更好的把握。如果没有苦难来考验你，那么你从来都不会真正懂得自己，懂得你处理各种关系的力量有多大。

对于诸多从哈佛毕业，在人生的道路上开创一番事业的人，他们都深深体会到挫折、苦难对人生的历练。但哈佛人不相信眼泪，也不需要眼泪和抱怨，而需要付出汗水和坚韧。

成功者正是靠着坚忍不拔的品质，使自己从社会的底层走向成功。生活中，幸运只降临在那些具备坚韧精神，为最终胜利孜孜不倦付出的人身上，而缺乏这种精神的人，哪怕成功近在咫尺，也只会与成功失之交臂。

一个人不可能做什么事都一帆风顺，困难和挫折是在所难免的。但是，我们绝不能在挫折面前被吓倒，而是要用理智面对它，冷静地找到战胜它的办法。心理承受能力差的人面对突如其来的挫折或是后退，或是消极抵抗。只有那些敢于挑战困难，能够审时度势，采取积极进取的态度面对挫折的人，才会成就一番事业。

坚强的人，即使面对再多的失败和挫折也阻挡不了他前进的脚步。哈佛人坚信：如果在连续多次跌倒之后，一个人还能充满斗志不言放弃，那他就是一个值得敬佩的人，也是一个定会有所作为的人。

在绝望中寻找“希望之花”

每个人在某个时刻都会面临绝境，但它往往并不是真正的生命绝境，而是一种精神和信念的绝境。只要你的精神不垮，在绝望中，就能找到希望之花！

在人生道路上，困难和挫折是难免的，人生起起落落也无法预料，但是有一点我们一定要牢牢记住：永不绝望。当我们遇到逆境时，千万不要忧郁沮丧，无论发生什么事情，无论你有多么痛苦，都不要整天沉溺于其中无法自拔，不要让痛苦占据你的心灵。困难来临时，我们要有勇气直面困难、打倒困难，以顽强的意志战胜困难。

哲人告诉我们，只要信念还在，希望就在。许多人一陷入困境，就悲观失望，并给自己施加很重的压力，其实，应告诉自己，困境是另一种希望的开始，它往往预示着明天的好运气。因此，你只要放松自己，告诉自己希望是无所不在的，再大的困难也会变得渺小。

魏尔仑说：“希望犹如日光，两者皆以光明取胜。前者是荒芜之心的神圣美梦，后者使泥水浮现耀眼的金光。”

希望给人以坚定的信念，心中没有希望就不会耐心地等待，最美好的希望往往产生于最无望的逆境中。

人一生不可能常处顺境，有时候你会被淘汰出局，只要你继续参加比赛，就有希望存在，总会获得让你满意的成绩。天才未必就能富有，最聪明的人也不一定幸福，想要摆脱人生的困境，你要记住让希望的阳光照进心田，要努力拯救自己摆脱困境。

古语云：“自助者，天助之。”把别人的帮助当作希望，往往只是一种被动的奢求，外界的帮助使人更加脆弱，自助却使人得到恒久的鼓励。

年轻人在深处困境时，要记住，没有人能解救你，除了自己拯救自己。其实每个人都有拯救自己的能力，许多人走不出人生或大或小的各种阴影，是因为他们没有耐心找准一个方向坚持走下去，直到眼前出现新的洞天。

正如一位哲人所言，成功者大都起始于不好的环境并经历许多令人心碎的挣扎和奋斗。他们生命的转折点通常都是在危急时刻才降临。经历了这些沧桑之后，他们才具有了更健全的人格和更强大的力量。

人们驾驭生活的能力，是从困境生活中磨砺出来的。和世间任何事情一样，苦难也具有两重性。一方面它是障碍，要排除它必须花费更多的力量和时间；另一方面它又是一种肥料，在解决它的过程中能够使人得到更好的锻炼和提高。

每一个年轻人都要记住：逆境总是吞噬意志薄弱的失败者，而常常造就毅力超群的事业成功者。逆境是魔鬼，它夺走了你的光明。逆境也是天使，它是一座深不可测的宝藏。要在逆境中赶走魔鬼、拥抱天使，最重要的美德就是坚韧。

选合适的路，然后勇往直前

人生之路犹如百流入海一样，不会是一帆风顺、一路坦荡，总要经历风风雨雨，坎坎坷坷。那些成功的人在面对人生低谷的时候，总是能够心底坦然，不会屈服于挫折，而是勇于做一个承受痛苦、奋斗不息的人，以百折不挠的精神，继续奋力前行。

一位教授在课堂上经常引用著名哲学家苏格拉底的名言：这个世界上有两种人，一种是快乐的猪，一种是痛苦的人。意思就是说这个世界上有许多人，他的人生就希望享受，有一天过一天，今朝有酒今朝醉。但是渴望成功的每一个人都必须做好痛苦的准备，要获得幸福，获得快乐，没有痛苦的思想准备是很难实现的。

很多人做事都是虎头蛇尾，而且还有看到失败的迹象便立刻退却的倾向。要知道，人可以被打败但不可以被打倒。只要你心中有光，你同样可以一百零一次站起来，把苦涩的微笑留给昨日，用不屈的毅力和信念赢得未来。因为很多时候击败我们的不是别人，而是自己对自己失去信心，熄灭心中的希望之光。

百折不挠，勇往直前是一个人战胜一个个磨难的利器，这种精神是取得成功的基础。没有这种精神，再强悍的人也不能体味到成功的喜悦，而只有羡慕别人的成功，只能慨叹自己命不如人。

库雷曾说：“许多年轻人的失败都可以归咎于缺乏百折不挠、永不放弃的战斗精神的。”的确，大多数年轻人颇具才华，具备成就事业的种种能力，但他们的致命弱点是缺乏百折不挠精神，往往一遇到微不足道的困难与阻力，就立刻裹足不前，没有韧性，遇硬就回，遇难就退，遇险就逃。因此，终其一生，他们只能从事一些平庸的工作。

一个人跌倒并不可怕，可怕的是跌倒之后爬不起来，尤其是在多次跌倒以后失去了继续前进的信心和勇气。不管经历多少不幸和挫折，内心依然要火热、镇定和自信，以屡败屡战和永不放弃的精神去面对挫折和困境。

屡次的失败并没有动摇林肯坚定的信念，而是起到了激励和鞭策的作用。面对失败，林肯没有退却、没有逃跑，而是始终有充分的信心向命运挑战，所以迎来了辉煌的人生。

以顽强的毅力和百折不挠的奋斗精神去迎接生活的挑战，你才能够免遭淘汰。上苍能在无意中夺去你的视力，也可以在不觉中毁掉你的手臂，但只要你能充满信心地与命运进行搏斗，你就能战胜一切困难和障碍。要知道，蒙灰的黄金，要经过时间的流逝和风雨的打击，才会发出耀眼的光芒。

每个人都有属于自己的成功之路，这就像每个人都要穿属于自己的、尺码适合的鞋子一样简单，但首先，你要学会挑选鞋子。

在成功的通路上，工作是我们的第一站。工作是一把“双刃剑”，它可以塑造你完美的品格和素质，同时也能毁了你一生的光明前景。所以，在选择工作时要格外慎重，同时，你也应知道，适合别人的工作，不一定适合你，别人走过的成功的道路，你再走上去也不一定就一路坦途。但人们在做出判断的时候，往往不能考虑得很长远和全面。这就像当你被问及，如果你看到一个杀人犯杀了人，他在短期内仍然平安无事，没有受到法律的制裁，那你也去跟着杀人吗？当然不会，这个问题在被问及时，多数人会清醒地如是说。但有些事情或选择往往不是这么清晰和容易做出判断，而这些判断或选择的利弊多数情况下并不会立即显现出来，真正到了结果产生的时候，你才会发现它毁弃了你的一生。

人总有得志和失意的时候，特别是刚工作的毕业生，面对就业岗位的紧张和强大的工作压力，许多人在获得一份工作的时候就想稳稳地坐牢，起初的时候还有“积累经验，谋求霸业”的心态，但在现实的一些小小的利益和甜头面前，许多人都选择了坐在原地品尝这些甜头，而不想未来与梦想是怎么一回事。

如果说把一个有着小环境、适当的待遇和揩油的机会的单位比做一双既定尺码的鞋，我们很容易发现，那些为了蝇头小利不思进取，不求改变，只是不断削减自己的理想高度和才华以求适应而生存的人，正在干着削足适履的事。

每个人都有自己的脚码，而鞋子的脚码也很多，总归会有一双是正好适合你的。有些人也许因为幸运，一开始就挑选到了合适尺码的鞋子，而大多数人都是通过反复的比较、挑选、试穿才最终找到一个无限接近合适的鞋子。

你现在的鞋子，是否适合自己，只有你自己知道，一个单位是否如你所愿、是否有利于你施展才华，也只有你自己最清楚。如果现在的这双鞋子顶脚，你有什么理由让自己凑合呢？有些事情，该坚持的时候要坚持，但千万不能盲目地委屈自己。赶快低头看看自己的鞋子，是不是适合自己的脚。

第7章 含泪播种的人一定能含笑收获

生活中不要等待机会，而是要创造机会。成功不是将来才有的，而是从决定去做的那一刻起，不断累积起来的。因为大多数人想要改造这个世界，但却很少有人会改造自己。要知道，含泪播种的人一定能含笑收获。

超越自己，往往从小事开始

人应该从基础工作做起，认真完成每一项工作。通过认真工作来磨炼自己的情操，不要好高骛远，而是坚守脚踏实地的工作态度，这样才能逐渐地积累自己丰富的阅历和宝贵的工作经验，而这对于以后从事更富有挑战性的工作是一个准备。当他们最后面对比较复杂的工作的时候，依然能够胸有成竹地去完成它。巴菲特经常告诫孩子们“工作无大小”。面对任何一件工作都需要我们去认真对待。只有当你用心去面对一切的时候，才能够做到认真处理每一件事情，这样才能为自己积累更多的经验，也才可以把领导交给我们的任务完成。

我们在面对任何一件事情的时候，都要脚踏实地，才能做到循序渐进，获得最后的成功。犹太巨商中的大多数人都是通过自己白手起家来达到成功的，在职业之初，他们一般都是从事最底层的工作。但是他们并没有为自己位于底层而气馁，相反，他们正是把底层作为自己的展现平台，也是成功的开端。无论他们的工作是多么的平凡，还是多么的不起眼，他们都能够将那些看似普通而又细微的工作干得很出色。

正可谓“一屋不扫，何以扫天下”。凡成大事者需要从小事做起，踏踏实实地做好生活中的每一件事，小事做多了就成大事了。

很多人慨叹一生如白驹过隙，在睁眼与闭眼之间，就走到了尽头。垂垂暮年的老者无力再去改变自己的生活，在那个苍老的身躯中，那颗心即使依然时而异常跳动，但这种热血冲动就像汹涌的大浪一样，来得凶猛，消失得迅速。

“不到一天大！”——这并不是爱斯基摩人的一句玩笑话，仔细地回味这种“不到一天大”的生命心态与理念，你的心中一定会增添一份深刻的崇敬，甚至感受到了一种莫大的震撼。只有每次只面对一天，并且把每一天都当作一辈子来过，我们才会万分珍惜这宝贵的一天中的每一分、每一秒时光。把每一天都当作一辈子来过，那么，谁还会有时间去挥霍、去做些无用功呢？

人生的时间、精力极其有限，想让有限的时间、精力造就人生最大的成功，就必须要拣对成功价值最大的事情去做。也就是说，我们每天都要有清晰的目标可以追求，每天做好一件事，这一个月，这一年，你将会有巨大的成长和收获。

目标不在远，不在多，而在于清晰有力，能给人以强烈的指引。目标对于成功者，犹如空气对生命，不可缺少。没有目标就没有成功，没有空气就不能生存。设定明确的目标，是所有成就的出发点，98%的人之所以失败，就在于他们从来没有设定明确的目标，也从来没有踏出他的第一步。有了明确的目标，并针对这一目标付诸行动，成功的希望便会青睐于你。

每天做好一件事，每天都能做好手边的事，有几个人能够做到？在现实生活中，有些人并不是好高骛远，在生活的重压下，眼前的一点点收获和利益不能满足他们那颗强烈追求的心。于是，他们的眼光变得很长远，长远到遥不可及但却异常渴望。不知不觉，高不成低不就成了他们的习惯，在对生活的憧憬中，偶然有一天他们低头会发现，原来自己每一天都荒废了，都在原地的小小的圈子里踏步，远走的是心，而不是自己的脚步。

给自己一个清晰而合理的目标，在较短的时间内、正常的努力幅度下，它是高高地踮脚就能够到的，这样的目标才会对你的人生起到推进的作用。而那些看似远大，只能当作谈资而最终束之高阁的理想，对于它的过分追求，最终成为一种妄想。

生活中的坎坷多是由自己、由心造就的。你之所以迷茫甚至跌倒，多是因为你没有看清自己，没有清楚地认清自己的实力，选择了一条不适合自己走的路。每天积累一点点，成功就会更快降临。但你要知道，成功的尺度不是做了多少工作，而是做出了怎样的成果。确立了目标并坚定地“咬住”目标的人，才是最有力量的人。

目标始终如一的人，能抛除一切杂念，聚积所有的力量，全力以赴向目标挺进。把你需要做的事想象成是一大排抽屉中的一个小抽屉。你的工作只是每天拉开一个抽屉，令人满意地完成抽屉内的工作，然后将抽屉推回去。不要总想着所有的抽屉，而要将精力集中于你已经打开的那个抽屉。一旦你把一个抽屉推回去了，就不要再去想它。

用心把一天中最重要的那件事做好，执着地追求，你就会发现，你所有的行动都会带领你朝着这个目标迈进。在激烈的竞争中，如果你能做好一天中最重要、最清楚的事情，成功的机会将大大增加。

成功就是把一件事情做到极致

每个人都有一颗追求完美的心，希望自己在工作和生活的各个方面都表现得尽善尽美。虽然说完美很难实现，但却是可以无限接近的。每个人都懂得努力去追求理想，望着自己远在天边的梦想一次次地暗下决心一定要做到。但其中真正小有成就者又有几个？

也许有些人会感觉困惑，努力了，也坚定了自己的理想，怎么总是处处碰壁呢？生活中有这样一种人，他们常常只专注于结果，一心一意，却忽略过程，匆匆忙忙地以自己想当然的方法去思考、做事，最后总是适得其反。你是不是属于这种人呢？

在工作和生活中，那些追求完美的人，也许他们不具备出众的才华、振奋的激情，但他们一定拥有一颗关注细节、精益求精的心。他们心中有一座灯塔，不管白天与黑夜，他们永远细心地追寻生活中的目标。对于大多数人来说，顺其自然造就了他们的平庸无奇，粗心大意让他们时常功败垂成。为什么在可以选择更好的时候我们总是落于平庸？为什么我们总是有理由纵容自己碌碌无为？

如果一个运动员不专注细节，不追求完美的话，那么他不可能赢得金牌，能把金牌带回家的运动员必须超越其他所有人和已有的纪录。不用上百分之百的劲儿哪能成功。不要总说别人对你的期望值比你对自己的期望值高。不要老是觉得自己的工作很不错，要经常让别人来评判你的工作是否让人满意，如果哪个人在你所做的工作中找到失误，那么你就不是完美的，你也不需要去找一些理由，还是回去再把工作做得更完美一点吧！

无论在哪里，账本上的数字必须精确无误；无论在哪个仓库，货物的数量必须和清单上一致；无论何时，对孩子、顾客和邻居的态度必须和蔼可亲。简言之，无论做什么事情，我们都要付出百分之一百二的努力，正是这种品质才能铸就成功的基础。

做生活中的一个有心的人，轻轻地对自己说："再用心一点，再细致一点。"你会发现，你在经历着从0到1的质变。

一位伟人曾经说过："轻率和疏忽所造成的祸患将超乎人

们的想象。”生活中若总是粗枝大叶、马马虎虎、鲁莽轻率就会失去很多原本属于自己的东西，而留下一生的遗憾。

对于年轻人来说，不论多么远大的理想，都需要一步步实现；不论多么浩大的工程，都需要一砖一瓦垒起来。平庸和杰出的差距就在一些细节中，这是一个细节制胜的时代，对于自己的工作无论大小，都要了解得非常透彻，数据应该非常准确，事实也应该非常真实，这样才能脚踏实地完成宏伟的目标。

最聪明的人设计出来的最伟大的计划，执行的时候还是必须从小处着手，整个计划的成败就取决于这些细节。近些年，“细节决定成败”的口号喊得越来越响亮，但仍有些人做事毛躁马虎，以至于带来无尽的烦恼，甚至带来意想不到的损失。

即使现代生活节奏再快，我们仍要精益求精，一丝不苟，若马虎地对待工作，工作也会马虎地对待自己，而若能细心对待生活，注重生活中的细节问题，也许就会有意料之外的收获。

绝大部分企业家会知道一些十分精确的数字：比如，全国每人每天平均吃几个汉堡包、几个鸡蛋。之所以要了解得这么清楚，是因为他们想确保细节上多方面的优势，不给竞争者可乘之机，哪怕是一些细枝末节的漏洞。对所有人来说，熟知细节是最佳的训练，尤其是面对紧急、影响重大的事情，这些知识更有用。

对待小事、对待细节的处理方式往往反映了一个人工作的态度，是积极面对，脚踏实地，还是整日空想成功，却不愿从身边的事情做起。这两种截然不同的态度，是成败的一个区别。

只有行动，才能决定价值

在职场中，许多人想改变自己的处境，想比现在做得更好，甚至，梦想着做一番事业，但是，他们往往有了想法却总是瞻前顾后，犹豫不决，以至于许多好的想法、计划都化为泡影，最后，依然一事无成，在职位上平平庸庸地度过了一生。同样是一些敢想的人，他们没有犹豫，而是马上将自己的想法付诸实践，最后，他们成功了。出现这样截然相反的情况，是什么原因呢？因为前者缺少了行动力，他们只愿意想，而不敢去做，因此，成功的机会总是与他们擦肩而过。

孔子说："君子耻其言而过其行。"意思是说，君子认为说得多而做得少是可耻的，在现实生活中，总有这样一些夸夸其谈的人，他们口若悬河，说尽了大话，到最后，一件事情都没有完成，给上司和同事留下"浮夸"的印象。一个人如果想去做一件事，无论计划多么完美，倘若没有付诸实际行动，就不能体现出它的价值来。

人们常常会陷入这样的境地：想得多，做得少。事实上，当我们大脑中有了灵感就应该付诸实践，现在就去，马上就去，“现在”这一词语可以推进成功，可是，“明天”“以后”“某一天”就代表着“永远也做不到”。

大多数聪明的人，他们遇事冷静，他们不想自己的智慧被淹没在平淡的日子里。因此，一旦他们脑中有了好的想法，总是敢于去实现它，无论最后的结果是成功还是失败，他们总是先做了再说。

在现实生活中，有许多人渴望成功，但却从未想过自己应该下怎样的决心才能达到成功。那些坐在办公室里无所事事的职员，永远都是等待机会自动来到自己眼前，毫不费力。在他们身上，缺少强大的决心，缺乏行动力，只会在等待中碌碌无为地过一生。

如果现在你的脑中有一些好的计划，那么，就应该对自己说“我现在就去做，马上开始”，而不是说“我总有一天会去把它完成的”。

有人说，人活在世界上，最难的不是控制别人和命运，而是掌控自己，让自己不被外界干扰，不被情绪、心态等影响而做出不理智，甚至是错误的判断。“假如时光可以倒流，世界上将有一半的人成为伟人。”如果我们每个人有重新活过一次的机会，以成熟的、经历了社会检验的阅历重新选择人生，必然会少走不少弯路。也就是说，在不可逆转，且唯一一次的生命历程中，如果你能够尽全力地拼搏、付出，并做出尽可能多的最为合理的选择，你的人生就更接近圆满。

人生是一个不断奔跑的过程，会冲刺，更要会减速，会工作，当然也要会休息。但这里的休息，并不意味着你可以大摇大摆地放任你的惰性。每天懒惰一点，不能做到日事日清，不能竭尽全力地完成任务，就无从谈及未来的幸福和成功。殊不知，明天的欣喜来自今天的积累，放掉了今天，就意味着放走了未来。

伟大的成功者跟一般人最大的差别，就在“一定要”与“想要”之间，如果你希望自己梦想成真的话，你就必须有“一定要成功”的决心。要有竭尽全力为了自己的目标而奋斗的勇气，只有这样，你才不会感觉奋斗的路程是如此的艰辛。

用力做事，可以把事做完；用脑做事，可以把事情做对；用心做事，才可以把事情做好。当我们对自己目前担负的任务给予百分之一百的精力，并用力、用心之时，你所取得的突破往往是惊人的。

人都是有惰性的，当这种情绪升腾起来的时候，它的渲染作用往往会使你一整天、一个星期，或是很长一段时间处于慵懒的状态，直至某一时刻突然精神，在心底默默告诉自己不能再过这样的生活。于是乎，你开始新一轮的拼搏和努力。这样的体会，想必很多人都很熟悉。

在生活中，并不是大多数人命里注定不能成为大人物，而是他们从来不具备大人物的做事方法和决心！对于成功者来说，他们不是想要成功，而是一定要成功。他们不是努力尝试，而是竭尽全力获得最好的结果。

你的人生取决于你所做的决定，取决于你做事的态度。不管你现在的境遇怎样，命运即将从你决定竭尽全力去奋斗的那一刻开始改变。当你把帽子扔过了墙，让自己没有退路的时候，你的潜能才会被真正激发出来，之后你所感受到的必定是竭尽全力的喜悦。

思考好了再行动

一个人行动之前要有目标，但仅仅有目标还不够，在把理想铺铸成现实的道路上，我们还应该做好规划，规划不仅仅是一种前景目标，一张蓝图而已，它更是你行动的路线图。在现实生活中，我们经常听到“只有想不到，没有做不到”“野心有多大，成就就有多高”这样的言论。很多刚刚走出校门的年轻人片面地理解这些激励人心的话语，总以为激情高涨、拼搏忙碌，成就一番事业是自然而然的事情。殊不知，激情和拼搏只是一种动力，如果努力没有用在正确的地方，结果也只是白费功夫。

凡事预则立，不预则废。目标是可以看得见的靶子，每个人都能看到，大家都在朝它开枪，但并不是谁都能打得快和准。目标是人生拼搏的战略，至于规划如何朝着既定的方向迈进就是战术问题了，比如你的愿望是登上前面那座山，就应该考虑好什么时间要到达什么地方，一块山石，一棵大树，就是你下一站的指引。

为自己设定一个适合的目标，然后想办法实现目标。然而你也要明白，把目标分解开来，化整为零，变成一个容易实现的小目标，然后将其各个击破，这是实现终极目标的有效方法。很多时候，我们在规划人生时感到困难不可逾越，成功无法企及，正是因为觉得目标离自己太过遥远而产生畏惧感。

志存远大，这是一直被我们推崇的。但是在现实中，仅仅有一个清晰的目标还远远不够。就如阿诺德·施瓦辛格一样，如何开动脑筋，尽快突破小目标，实现大目标，才是我们最应该重点费心思考的问题。

总结阿诺德·施瓦辛格的成功经历，我们得出：从大处着眼，从小处着手，化整为零地循序前进。谁都妄想自己能一步登天，一夕成名，一下子便成为一个亿万富翁。有目标、有憧憬是好事，但善于规划才是硬道理。

许多人做事之所以会半途而废，并不是因为难度高，而是因为他认为现实距离梦想太远，正是这种心理上的因素导致了失败。若把长距离分解成若干个短距离，逐一跨越它，就会轻松许多，而目标具体化可以让你清楚当前该做什么，怎样才能做得更好。

心中有了这一系列规划的人，表面看来和以往的他也没什么不同，但是因为眼光看得远了，再做起事来就有了责任心和主动性，会完全脱离那种得过且过的生活状态，一个人的才能也会得到最大限度的发挥。

面对生活里的一丁点儿不如意，人们最普遍的做法是不停地埋怨，埋怨父母不理解，埋怨社会太现实，埋怨朋友的欺骗，埋怨上天的不公，于是，埋怨成为一种习惯，然而，那些不如意的事情、悬而未决的事情并没有得到真正的解决，自己的情绪反而陷入了恶性循环，结果，心中的怨气会阻碍前进的路途。成功只会垂青那些积极主动的强者，只要你敢于担当，勇于接受来自生活的挑战，那么，任何艰难险阻都会变成坦途。真正的强者，从来不埋怨，他们总是把那些消极的想法从内心扫除殆尽，让自己的内心充满阳光、充满希望。

原来，再多的责骂、埋怨，也不能改变事情的发展方向，反而会阻碍你前进的路途。有人说埋怨是一种宣泄，一种心理平衡，似乎埋怨可以将那些不如意的事情发泄出来。每天，我们都可能会面对许多不如意的事情，如果只是一时的埋怨，还可以接受，但是，有时候，埋怨久了就会形成习惯，而埋怨的根源是对现实的不满意。

罗斯福说："未经你的许可，没有任何人能够伤害你。"有的人自己办不了事情，别人办了漂亮事，他还会到处埋怨：“其实我很有能力的”“他凭什么就能得到上司的重用啊”“这件事我会比他做得更好，可上司偏偏不找我嘛”。但是，真正的结果呢，却是自己没有能力，心中才充满了怨气。

一个人来到这个世界上，面对生活中的诸多不如意，我们只有两个选择，要么接受，要么改变。抱怨成为接受事实的一个阻碍，我们总是想：这件事对我是不公平的，这样的事情怎么会发生在我的身上呢？我怎么能接受这样的事情呢？所以，一种强烈的倾诉欲望开始萌发：我要去对别人诉说，以此证明我的无辜和委屈。于是，在我们埋怨不公的时候，我们已经失去了去改变这件事情的机会。那么，当我们无休止埋怨的时候，有没有想过比埋怨更好的解决方法呢？

英国著名作家奥利弗·哥尔德斯密斯曾说：“与抱怨的嘴唇相比，你的行动是一位更好的布道师。”真正的强者，他所致力的是积极行动，如何解决问题，如何完成这件事情，而不是去埋怨上天的不公，所以，强者最后会在努力中赢得成功，而无能的人只能在埋怨声中销声匿迹。

你要做的就是改变自己

“适者生存，不适者则被淘汰”，这是自然规律，世上的事物时时刻刻都在发生着改变。如果你跟不上社会的步伐，你会被社会抛得越来越远。面对这样的状况，只有改变自己才是出路。许多时候，担心是多余的，欣然地面对现实，勇敢地接受挑战，就会塑造一个“全新的自己”。人生是由一连串的改变形成的。当你的环境、教育、经验、吸收的信息发生变化，你的心理多多少少会产生不同程度的变化。改变就是机会，只要你及时处理，就会有好的机会与开始，而且，唯有良好的自我改变，才是改变事情、改造状况，甚至改变环境的基础。

一个人如果不先改正自己的缺点和不足之处，使自己成为一个人格完善的人，就很难获得成功，更谈不上去影响去改变别人。人活在世上的任务首先是改变自己，进而改变世界。如果同事对你不友善，你不改正自己的缺点，即使你换个单位也没用；如果你的成绩无法提高，你不改变学习方法和学习态度，即使换了老师也没用。只要你一改变，生活也会随之改变。

世界是在不断发展变化的，每个人也是在不断发展变化的。变化始终存在，不管这变化是好是坏，我们必须接受，而变化的好坏往往取决于人的适应能力。要适应瞬息万变的社会，我们必须做出改变，而且，改变必须从今天开始，马上开始，从自己开始，从每一件小事开始。这样才能获得成功！

适者生存，这是人类一切问题的答案。试图让整个世界适应自己，这便是麻烦所在。试图让一切适应自己，这是很幼稚的举动，而且是一种不明智的做法。

想要改变世界很难，而改变自己则较为容易。如果你希望看到自己的世界改变，那么第一个改变的就是自己。

陆澄问先生："圣人可以应对无穷，难道是可以预知未来吗？"王阳明说："圣人也是人，如何能研究那么多呢？只不过圣人的心就跟明镜一般，可以随自己的感受去处理各种事情罢了，任何事物来到面前，都能够真实地映照出来。过去的事情还停留在心中，没有来到的事情也预先存储在了心中，这便是圣人了。"一个人如果将万事烂熟于心，那他的每一个行动都是经过仔细思考的，自然可以称为圣人了。

俗话说："万事烂熟于心。"如果我们在做每一件事情之前，就将每一步、每一个细节记在心中，这样，每走一步，都不会影响整个大局。特别是对于工作来说，尤为如此，或者说，在做一件事情之前，需要将之前所做的类似事情联想一遍，仔细揣摩其中的经验教训，这样，我们开始做事的时候，每走一步都是稳健的，它对于大局来说完全是锦上添花。当过兵的人，都知道军营里有一句耳熟能详的话："不打无准备之仗。"简单地说，要想取得战斗的胜利，就必须做好充分的准备，如果准备不充分，打起仗来十有八九是要吃亏的。

事实上就是如此，如果你事前不做好准备工作，临到与对方沟通的时候，你就很容易吃亏，任凭你耗尽口舌，对方就是不同意，你之前的努力就化为了乌有。因此，在每一次做事之前，一定要做好充分准备，正所谓"不打无准备之仗"，明确自己的目的，想要达到什么样的结果，因为只有确定了目标，才能把一切因素尽量往有利于自己的方向转化。

将历史烂熟于心，每走一步都需要顾全大局，这就是深谋远虑的曾国藩。在其人生最辉煌的时刻，他以自己的韬略来个釜底抽薪，让那场大火烧不到自己的头上来，巧妙地躲过了一场杀身之祸。同时，离自己的人生理想似乎更近了一步，因为曾国藩所追求的是“修身、齐家、治国、平天下”，既然向朝廷表明了自己的一片忠心，那自己还有什么不忠呢?

无论是工作，还是与人相处，我们都应该仔细思量事情的始末、细节、方方面面，既要着眼于全局，也不放过细节问题。这样，每成功一步，就是向前走了一大步。相反，如果你着眼于大局，而不考虑细节，稍有不慎，一小步就会毁了整个局面。

下棋时在我们心中萦绕的除了细节，还有以往的经验与教训，之前走错的都将得到改正，之前走正确的将继续沿袭下去。在下棋过程中，每走一步，我们都需要顾全大局，如此综合考虑，我们才能赢得整盘棋局。

没有加倍的勤奋，就没有天才

懈怠的人，就像用来舂东西的杵，有两种事。一是不能自己支使自己，一天一天使用损坏。二是不能自立，丢到地上就躺在地上，天长日久渐渐不能使用。

一个人的成功跟他是否勤勉是有重要关系的。如果一个人是勤奋的，那么他就拥有了成功的机会；如果一个人是懒惰的，那么他就一定不会成功。他们通常认为，勤勉和成功是互相制约的，经常会有很多人因为自己的勤勉而成功，但却很少有人因为懒惰而成功。虽然你的勤劳并不一定给你带来成功，但是无论如何，每个人都要辛勤工作，因为这是获得成功的最基本条件。

《圣经》中有两句话：“流泪撒种的，必欢呼收割。”“那流着泪出去的，必要欢欢乐乐地带禾捆回来。”远古的时候，人类为了生火，就要花很长的时间去摩击木头或者石头；要吃果实，就要爬到很高的树上去摘。而如果能够成功地生起一堆火，能够成功地摘得果实，那么成功背后一定有辛苦。勤勉或者懒惰很少来自一个人的本性，很少人一生下来就是辛勤的劳动者，也很少有人是天生的懒虫。很多人的勤勉或懒惰其实都是后天养成的，是自己的习惯所导致的。

哈德良皇帝看见一个老人正在努力工作，他在种植无花果树。于是，他问老人道：“你是否期望自己能够享受果实呢？”

老人回答说：“如果我不能活到吃无花果的时候，我的孩子们也将会吃到。或许上帝会因此特赦我。”

“如果你能够得到上帝的特赦，吃到这棵树的果实，那就请你告诉我。”皇帝对他说。

随着时间的逝去，果树果然在老人的有生之年结出了果实，老人装了满满一篮子无花果去见皇帝。见到皇帝，他说：“我就是你看见过的那个种无花果树的老人，现在无花果成熟了，这些无花果是我的劳动成果。”

皇帝命他坐在金椅子上，把他的篮子里装满了黄金。可皇帝身边的仆人表示反对：“您想给一个老人那么多荣誉吗？”

皇帝回答说：“造物主给勤劳的人以荣誉，难道我就不能做同样的事吗？”

皇帝说得很对，上帝和人们通常都把奖赏给那些勤勉的人。因为老人的勤劳，所以他得到了上帝的特赦，在自己的有生之年吃到了无花果。懒惰将会使一个人一事无成，所以他们选择了勤勉，只有勤勉的人才会尝到胜利的果实。《羊皮卷》这样劝告世人：“最难受的工作是无所事事，最愉快的工作是人们忙于工作。”

洛克菲勒就是一位对工作异常勤奋的人。一天24小时中，他的工作时间一般都在十五六个小时，超过了一天的大半时间。有的时候，他甚至可以一天工作十八九个小时。有人给他计算下来，他的一生中平均每周工作76个小时，只休息很短的时间。经常是别人已经下班了，他还在勤奋地工作。他常常对别人说：“如果你什么都不想干，那一天工作8个小时就可以了，可是如果你想干点什么，那么当别人下班的时候，正是你工作的时候。”别人问他：“你怎么能一天工作20个小时？”他却说：“一天工作20个小时怎么可以，我需要一天工作48个小时。”当人们看到他的时候，他总是在不停地忙于工作。于是凡是认识他的人都说洛克菲勒只有睡觉和吃饭的时候不谈工作，其余时间他都泡在工作里。这位世界级的大富翁就是这样紧张而勤奋地工作着，所以他才取得了举世瞩目的成就。

洛克菲勒之所以能够获得成功，就在于他始终如一地保持勤勉的态度。他的勤勉已经成为顽强的奋斗，在他眼里，一天24小时都已经不够用了，他希望能在一天内工作更长的时间。只有勤勉的人才能够尝到胜利的果实，只有勤勉的人才能够得到命运的眷顾。所以，洛克菲勒用自己的实际行动证明了这样一个道理，如果你是一个做事勤勉的人，那么成功就离你不远了。

犹太民族被称为世界上最为努力的民族，也是世界上最勤奋的民族，这种顽强的精神成就了许多犹太富翁。那些杰出的人物都勤勉地专注于自己的事业，他们都具备顽强忘我的奋斗精神。他们似乎从来就不知道疲倦，一般都是长期默默地埋头工作，一点都不被外人所知晓。这个世界好像已经忘记了他们。可是有一天，他们却获得了意外的成功。那时候，你再回过头来，你不能不为那些勤劳的人感到骄傲。

大凡卓越的人多因自己的勤奋，才获得了巨大的成功。他们或许都不是天生的勤奋者，但是他们愿意在后天培养自己的勤勉，并把它当作习惯。韩愈也曾说：“业精于勤荒于嬉，行成于思毁于随。”一个人要想成就一番事业，一定要守住“勤”字，忌掉“惰”字。面对你的生活或者事业，你用什么样的态度来付出，就会得到相应的回报。如果你以勤付出，回报你的，也必将是丰厚的硕果。相反，那些懒惰的人，生活是不会赐予他任何东西的。懒惰的人是思想上的巨人，行动上的矮子。

每个人都要时刻提醒自己：“成事在勤，谋事忌惰。”人生苦短，勤勉往往是你取得成功的一个必要条件，而懒惰则会让你的生命陷入慢性自杀，会阻碍你的成功。如果你懒惰地面对你的人生，那么其实就是把自己的生命一点点送入虚无。一个成功的人，是不会让懒惰有任何机会的。

第8章 忘记生活中那些焦虑和沮丧

生活中，我们难免会遇到令人焦虑和沮丧的事情，情绪就像是抑制不住的流水，哗哗直流。然而在前行的路途之中，最害怕情绪的突然打扰。请忘记生活中那些焦虑和沮丧，集中精力去努力生活。

在荒芜的心灵种满庄稼

金斯利说：“太阳底下所有的痛苦，有的可以解救，有的则不能，若有就去寻找，若无就忘掉它。”生活中，很多时候，由于环境或者其他一些原因，我们感到心里荒芜，内心满是孤单，这种情绪就像赶不走的影子，时刻伴随着我们，令我们感到恐惧与绝望。孤独，是一种心境，那是一种似乎全世界都抛弃了自己的感觉。如果想要摆脱孤独折磨的滋味，需要依靠和煦的阳光填满内心的空洞，这样我们就不会再感到孤独，而是感受到阳光带来的温暖。

年轻人在普普通通的生活中，在一个熟悉的单位里，天天重复同样的生活，朝夕复朝夕，心境是否会被蒙上一层淡淡的尘埃呢？我想这是难免的，当许多人都身心倦怠、目光空洞惘怅的时候，如果不及时调整，心灵必然会被灰尘蒙蔽，也感受不到任何的快乐。在平凡的日子里穿梭，用平凡人的心境去容纳生活，你的生活中会处处开满鲜花，令你的人生芬香四溢。只因生活中太多的普通人拥有这样的心境，及时抚慰了生命的倦意，才明白“飞花漫卷人生路，彩云尽渡仍从容”的人生写意，才有了普通人创造的日新月异的生活。

在一个村庄里，有位中年人从事了二十年的邮差工作，每天，他往返五十里的路程，日复一日地将忧欢悲喜的故事送到居民的家中。一晃二十年过去了，村庄里的人和事物都经过了几番变迁，只有邮局到村庄这条道路，从过去到现在，始终没有改变。每一次，邮差经过这条道路，心里都会想：这样荒凉的路还要走多久呢？太阳照着大地，中年邮差的身影孤独地走在道路上，悲凉而又迷茫。

邮差一想到自己必须在这条没有花没有树，而且充满尘土的路上，踩着脚踏车度过自己一生的时候，心中总是充满着遗憾，这二十年来，他第一次感觉到孤独的滋味。有一天，中年邮差送完了信，满脸心事重重，正准备回家的时候，路过一家花店。邮差心中不禁一动：对了，就是这个。邮差走进了花店，买了一把野花的种子，第二天，邮差将这些种子撒在自己往来的路上。就这样，经过了一天，两天，一个月，两个月……邮差持续撒播着野花种子。

没过多久，在那条邮差已经来回走了二十年的荒凉道路上，竟然开出了无数的花朵，有红色的，有黄色的，四季盛开，永不停歇。花香比送达的任何一封邮件都令邮差开心。那条道路不再充满灰尘，而是充满了花瓣，中年邮差骑着脚踏车，吹着口哨，他不再是孤独的邮差，也不再是愁眉苦脸的邮差，而是满脸洋溢着幸福与快乐的邮差。

一位年轻的老师被派遣到山区的小学为学生们带一个星期的课，刚开始，年轻老师满怀热情，希望自己与学生们度过一周愉快的时光。然而，很快他就感到了孤独与失望，这一个星期真是糟糕透了，孩子们既粗野又不爱完成作业。在最后一节课上，年轻老师对学生们说："现在我知道了，我不能和孩子们在一起，我不适合这个工作。"这时，一位学生告诉老师："我想为这一个星期感谢您，感谢您教给我们许多知识，您知道，以前我从来没有听到过树林中的风声，它是那么可爱，我永远也不会忘掉它。这是我为您写的一首诗，我差点没有勇气把它给您。"说完，孩子从口袋里掏出一张纸递给了老师，然后就跑走了。那一瞬间，年轻老师感到自己心里洋溢着满满的阳光，自己再也不孤单了。

心灵是一座宝库，在这里只应留有美好与智慧，而不是收藏垃圾，或浸满孤独。哲人说："要想除掉旷野里的杂草，方法只有一种，那就是在上面种满庄稼。"那么，如果想要摆脱内心孤独的束缚，我们应该敞开心扉，让和煦的阳光照射进来，这样，孤独才会无处遁形。

保持优雅姿态，克制紧张情绪

马克思曾说："一种美好的心情比十服良药更能解除生理上的疲惫和痛楚。"然而，在现实生活中，有一种情绪时常困扰着我们，诸如独自登台表演或演讲的时候、与陌生人沟通的时候、在公众场合说话的时候，等等，紧张的情绪会冒出来困扰我们，影响我们的一举一动。有时候，紧张的情绪使我们怯场，内心有了退缩的念头；有时候，紧张的情绪会让我们心中大乱，最终以失败而收场。

总之，紧张的情绪似乎总是跟随着我们左右，势必要影响我们的言行举止才罢休，紧张，总是有意或无意地干扰着属于自己的优雅，在紧张的心境下，我们似乎没有办法做好任何事情。所以，要想保持一份优雅，要想拥有一份美好的心情，我们应该努力克服内心的紧张情绪。

林肯当选为美国总统后，复杂而令人头疼的政事使他患上了抑郁症，在患病的那一段时间里，林肯经常失眠，内心时刻充满着紧张的情绪，甚至，他对自己的生活感到了绝望。每一次会议或者讨论，林肯都沉默不语，并不是他习惯于如此，而是源于内心的紧张。后来，心理医生建议他“重新找回自信”，然后，在医生的帮助下，林肯喜欢上了剪报。每天，他都会剪下报纸里对自己的赞美之词，然后揣在口袋里，这样，内心紧张的情绪就会减弱一点。每当有重大会议召开之前，林肯都会心情紧张，这时，他就会从口袋里掏出剪报，鼓励自己。“将别人的鼓励随身携带，以舒缓紧张的精神”，林肯一直到死都保持着这个良好的习惯。就在林肯不幸遇刺后，人们从他的上衣口袋里，发现了那些赞美他的剪报。

一位曾被紧张情绪困扰的人这样说道：“过去的我，性格非常内向，每天都感觉特别紧张，活得十分痛苦。虽然，我尽力伪装自己显得很正常，但是，我非常清楚自己的心境是处于病态中，当逃避和伪装让自己不胜疲惫的时候，我终于选择了面对，心里越是害怕与人沟通，我就越要与人主动沟通；越是不喜欢人多的地方，我就越给自己机会来面对人群。在这种与自己抗争的艰辛历程中，我得到了前所未有的历练和成长。”其实，紧张的情绪对于我们来说，并不可怕，只要我们鼓起勇气，就能够克服内心的恐惧，从而使自己变得优雅起来。

赵治勋被日本人称为“棋圣”，他在围棋界占据着极其重要的位置。然而，即使是这样一位大师也会紧张，在每一次激烈的对弈中，赵治勋都感到异常紧张，而一紧张就很容易出错。因此，为了缓解内心的紧张情绪，赵治勋总是要求工作人员准备一大堆火柴和废纸，在对弈的时候，他通过撕废纸和玩折火柴来舒缓自己紧张的情绪，这样，他才能将棋局运筹帷幄，最终赢得比赛。

其实，紧张的情绪并不是普通人所特有的，而是每一个人都有的一种心境，无论多么伟大的人，他们都未必能完全摆脱紧张的束缚。但是，只要能找到恰当的放松方式，我们就可以轻松地战胜内心的紧张情绪，最终赢得完美的胜利。

世界著名的男高音歌唱家帕瓦罗蒂曾参加过无数次演出，仅在美国纽约大都会歌剧院，他的演出就达到了379场。但是，像这样一位世界著名的艺术家在每次登台的时候，也忍不住产生紧张情绪。帕瓦罗蒂认为自己的紧张情绪可能是遗传于父亲，其父亲就是因为太过紧张而无缘于舞台。但是，为了使演出显得更加完美，帕瓦罗蒂必须克服内心的紧张情绪。

刚开始的时候，帕瓦罗蒂通过暴饮暴食来摆脱紧张的情绪，每一次上台演出之前，他都要大吃一顿，这样才能缓解内心的紧张情绪。但是，暴饮暴食使自己变得肥胖，而且，医生也对他发出了最后警告："再这样吃下去，你将会有生命危险。"帕瓦罗蒂无奈放弃了这种方式，转而寻找另外一种摆脱紧张情绪的方式。后来，他开始依赖一枚钉子。原来，在帕瓦罗蒂的家乡，流传着这样一个传说：生了锈的弯钉子会给人带来好运。帕瓦罗蒂相信这一传说，以后，在每一次的演出之前，帕瓦罗蒂都会在后台昏暗的灯光下寻找一枚弯钉子。如果演出开始，他还没能够找到一枚弯钉子，那么，哪怕这场演出的报酬再高，帕瓦罗蒂也会拒绝出演。因为他的这一习惯，不仅得罪了无数的朋友，而且，造成了美国芝加哥歌剧院永久地拒绝了他。后来，帕瓦罗蒂的这一习惯被慢慢传开，那些承接帕瓦罗蒂演出的单位都会特意为他留一枚钉子。

摆脱了紧张的情绪，帕瓦罗蒂优雅地完成了每一次演出。赛车的时候，在那瞬息万变的赛道上，每一次判断和决定都是在毫秒之间做出的，因此，几乎所有的赛车手都有一个最大的通病，那就是——"紧张的情绪"。

对于许多赛车手来说，彼此之间都有一个心照不宣的秘密，那就是许多人都会因为比赛过度紧张而尿裤子。舒马赫在赛车界是数一数二的人物，然而，即使是这样一位大名鼎鼎的赛车手，他在每次比赛时也会紧张。于是，为了缓解自己的紧张情绪，在每一次比赛之前，舒马赫都会玩一玩电子游戏，这样，他才能更加优雅地玩转赛车。

在生活中，要想克服紧张的心理，我们就应该努力把自己从紧张的情绪中解脱出来。心理学家认为：有效消除紧张心理，从根本上说是要降低对自己的要求，一个人如果十分争强好胜，每件事情都追求完美，那么，常常就会感觉到时间紧迫，内心自然充满紧张。而如果我们能够清楚地认识到自己的能力，放低对自己的要求，凡事从长远打算，这样，心情自然就会放松。

让焦虑和恐惧在阳光下消失

有个人可以称为焦虑和恐惧的典型人物，据说，他已经囤积了数吨粮食，以防天灾。有人好奇地问：“如果发生旱灾，水比粮食更重要。”他却微笑着说：“没事，家里已经挖了好几口井了。”旁人大惊，后来，听说他不囤积粮食了，可是，理由却是十分牵强的，他这样告诉所有的人：“我听见许多人都在说，如果发生天灾了，大家就会来抢我的粮食，我想告诉大家的是，现在我已经不囤积粮食了。”看到这里，每个人都会忍不住笑，这个人的焦虑心理和恐惧心理简直达到了极致。

虽然，我们常说“防患于未然”，但是，对未来过分地焦虑与恐惧，则成为一种心理负担，这样导致的结果就是，以后的每一天我们都将在担惊受怕中度过。

焦虑和恐惧给我们生活所造成的影响是不容忽视的，焦虑对我们毫无益处，只会危害自己的生活和事业，还会危害自己的健康。与其花费大量的精力和心思去焦虑和恐惧，不如好好经营自己的生活，把精力和心思转移到生活上来，这样，自然而然就摆脱了焦虑和恐惧，从而获得一种轻松而美好的生活。

现代人越来越焦虑，在内心里隐藏着一种恐惧，既担心自己的生存状况，又惧怕生老病死。长此以往，原本健康的身体被心理折磨得奄奄一息，其实，心理不健康是导致身体不健康的主要因素。比如，有的人身体感到不舒服，就老是怀疑自己生了病，整天陷入恐慌之中。

其实，在很多时候，这些只是小病或者根本就没有疾病，不适是源于内心的焦虑和恐惧。当然，心病还得心药医，不要猜疑自己的健康，保持健康的心理，心病自然就会消除了。

吉姆是一位年轻的汽车销售经理，他的前途充满了无限希望。但是，吉姆的情绪却非常绝望，意志消沉，他觉得自己要死了。甚至，他开始为自己挑选墓地，为自己的葬礼做好了一切准备工作。其实，吉姆的身体只是出了一点小问题，有时候会呼吸急促，心跳很快，喉咙梗塞，医生规劝："你只需要坦然处理生活，退出自己热爱的汽车销售行业就行了。"

吉姆在家里休息了一阵子，但是，他还是充满焦虑和恐惧，于是，他的呼吸变得更加急促，心也跳得更快，喉咙依然梗塞。这时，医生劝他到外面去透透气，吉姆照做了，但依然无法阻止内心的焦虑和恐惧。一周过去了，吉姆回到家里，他感觉死神快降临了。朋友告诉吉姆："赶快打消你的猜疑！如果你到明尼苏达州罗切斯特市的梅欧兄弟诊所，你就可以彻底地弄清病情，而不会失去什么，赶快，立即行动。"吉姆听从了朋友的建议，他来到了罗切斯特，实际上，吉姆担心自己会在路途中突然死亡。

在梅欧诊所，医生给吉姆做了全面检查，医生告诉吉姆："你的症结是吸进了过多的氧气。"吉姆先是一愣，然后大笑起来："那真是太愚蠢了，我怎样对付这种情况呢？"医生说："当你感觉呼吸困难、心跳加速的时候，你可以向一个袋子呼气，或者暂时屏住气息。"医生递给吉姆一个纸袋，吉姆照办了，结果，他发现自己的心跳和呼吸都变得很正常，喉咙也不再梗塞了。当他离开诊所的时候，他已经变得容光焕发，原来这一切的症结都是因为内心的焦虑和恐惧。

长期的焦虑和恐惧会让我们相信，某个想象中的事情变成现实，然而，就是在这样的消极心理中，那些预感中会发生的事情还是发生了，到最后，我们的焦虑和恐惧越来越严重，以至于身体真的出现了疾病。心理不健康，诸如焦虑或恐惧，会导致我们的身体不健康。所以，远离焦虑与恐惧，保持身心健康。

焦虑和恐惧是现代社会普遍存在的心理疾病，它源于工作压力、人际关系、经济问题、孤独以及交通阻塞。每天，我们都饱受着生活压力的困扰，可能或多或少都有焦虑恐惧的经历，然而，许多人都没有意识到，长期的焦虑会引起抑郁症，这是一种病态的心理，会给我们的健康带来损害，还会感染身边的人。所以，以积极乐观的心态面对生活，让焦虑和恐惧都消失在阳光下吧！

只有冷静，才能转败为胜

智者说："在成功的路上，最大敌人其实并不是缺少机会，或是资历浅薄，成功的最大敌人是缺乏对自己情绪的控制。"弱者任思绪控制行为，强者让行为控制思绪。在困难面前，许多人容易心浮气躁，进行了多次挑战都无法战胜困难，他们就会变得气急败坏，在他们心灵深处，有一种力量使他们感到茫然不安，让他们无法冷静地思考，这种力量就是愤怒、生气。生气不仅仅是成功最大的阻碍，还是各种心理疾病的根源，并不断地影响我们的日常生活和工作。

一个人在愤怒的那一瞬间，智商是零，过一阵子才会恢复正常，而这将对我们的正常思维造成恶劣的影响，没有办法冷静下来，从而没有办法思考出解决问题的有效方法。在任何时候，一个人都需要冷静，尤其是在困难面前，冷静使人清醒，它能够使人有条不紊、沉着地应对所发生的一切。所以，面对困难，不要气急败坏，只有冷静才能让我们转败为胜。

有人说："一个能控制住不良情绪的人，比一个能拿下一座城池的人还要强大。"情绪不仅仅是心灵健康的庇护神，而且，它常常是我们决胜的关键，因为在关键时刻，我们需要保持冷静，以最平和的情绪来面对一切。

面对强劲的对手，有时候，我们采用何种手段并不重要，至关重要的是控制好自己的情绪，保持冷静。一个人，若是能够控制好情绪，保持冷静，就可以化阻力为助力，化险为夷；相反，若是不能掌控好情绪，容易激怒，就有可能陷入危险的境地。

有一个小男孩，他在10岁时遭遇了一次车祸，不幸的是，他在这次车祸中失去了自己的左臂。这巨大的不幸让男孩几乎连生活自理都成了问题，但是，他却有一个小小的心愿，那就是学习柔道。几经辗转，男孩有幸拜在了一位日本柔道大师的门下，开始学习柔道，他格外珍惜这个学习的机会，每天勤学苦练。可令男孩感到不解的是，自己学了三个月，师傅却只教了一招。有一天，男孩终于忍不住问大师："我是否应该再学学其他招数？"大师却摇摇头回答说："不错，你只学会了一招，但是，你只需要学会这一招就足够了。"

几个月后，师父带着小男孩去参加比赛，比赛开始之前，师父只是嘱咐："冷静，一定要冷静！"就连小男孩自己都没有想到，只凭着那仅有的一个招数，就轻松地进入了决赛。最后一场决赛开始了，对手比小男孩高大、强壮，似乎看起来更有经验，一看这架势，小男孩就心虚了。比赛一开始，小男孩就有点招架不住，这时，师父那句话响了起来："冷静，一定要冷静！"小男孩长长呼出一口气，慢慢等待，后来，对手逐渐放松了戒备，这时，小男孩立即使出了自己的绝招，制服了对手，赢得了冠军。

回家的路上，小男孩满腹疑虑："师父，我怎么凭一招就能赢得冠军呢？"师父缓缓回答道："有两个原因，第一，你基本掌握了柔道中最难的一招；第二，对付这一招唯一的办法就是抓住你的左臂，可是，你没有左臂。孩子，有的时候，人的劣势并不是什么坏事，凡事只要你冷静应对，便可以转败为胜。"

在挫折与困难面前，跌倒了，爬起来，这是一种勇气，但是，对于成功来说，勇气并不是最关键的因素，因为成功所需要的是比勇气更珍贵的那份冷静。失败了，我们所需要做的不仅仅是重新站起来，更关键的是学会梳理自己的情绪，冷静地分析、总结失败的原因，这样我们才能避免摔更大的跟头。一个人在面对困难的时候，总是心浮气躁，气急败坏，那么，这个人终会失去自我。在任何事情面前，我们都应该拥有冷静的头脑，因为只有冷静，才有可能使我们转败为胜。

在法庭上，律师拿出了一封信向洛克菲勒问道：“先生，你收到我寄给你的信了吗？你回信了吗？”洛克菲勒冷静地回答：“收到了，没有回信。”这时，律师又拿出了二十几封信，逐一向洛克菲勒询问，而洛克菲勒都以同样冷静的表情、相同的语调给予了回答：“收到了，没有回信。”终于，律师控制不住自己的情绪了，他开始暴跳如雷不断咒骂，最后的结果出乎人们的意料，法庭宣布洛克菲勒胜诉，因为律师因情绪失控而让自己乱了章法。

从洛克菲勒的例子中，我们可以看出，冷静对于一个人成功的重要性。有人甚至这样总结法庭上的律师：令你的对手发怒，失去冷静，那么，你就已经开始转败为胜了。当然，同样的条件下，自己则需要保持冷静的头脑。

好脾气宛如晴天，到处流放着光亮

脾气，是日常生活中经常碰到的普遍心理现象之一。当然，一个人的脾气有好有坏，有的人脾气坏，遇事冲动，对一些不顺心或自己看不惯的事情，常常容易生气或怄气，经常与人争吵，说出一些使人难堪的话，影响正常人际交往。相反，脾气好的人，无论到哪里，都会受到欢迎，大家都喜欢与他合作、共事。

有人对此做过一项调查，通过调查发现：绝大多数的青年男女在选择配偶时，都把对方脾气好作为要求条件之一。即使在生活中，我们也明白，在一个家庭或小单位里，如果有一两个脾气不好的人，常常会使这个家庭或集体不和谐。另外，坏脾气对我们的身体也有危害，试想，一个动不动就生气的人，他的心脏会经受得住刺激吗？所以，克制自己的情绪，将坏脾气化为挑战力，为自己加油！

对于坏脾气的人来说，看别人总是不顺眼，事实上，心理学家告诉我们：看别人不顺眼，是自己修养不够。一个人的优雅关键在于控制自己的情绪，坏脾气的人习惯于用嘴伤人，实际上这却是一种最愚蠢的行为。

在现实生活中，我们也常常因为坏脾气而伤了和气，破坏了和谐关系。总而言之，坏脾气不仅令自己苦恼，还会给身边的人带来伤害。一个人的坏脾气，常常与娇生惯养、过分溺爱或得不到家庭的温暖，父母要求过于严厉有关，另外，人生道路的平坦或坎坷，对脾气也会产生重大影响。虽说，一个人的脾气、性格有稳定性的一面，但并不是说其脾气、性格是固定不变的，所以，坏脾气是可以改变的。试着将坏脾气化作挑战力，努力改变自己的坏脾气。

有一个男孩，很任性，经常对别人发脾气。一天，他的父亲给了他一袋钉子，并告知他："你每次发脾气时，就钉一颗钉子在后院的围墙上。"第一天，这个男孩发了37次脾气，所以他钉下了37颗钉子，慢慢地，男孩发现节制自己的脾气要比钉一颗钉子容易些，所以，他每天发脾气次数就一点点地减少了。

终于有一天，这个男孩能够把持自己的情绪了，不再乱发脾气了。父亲告知他："从现在起，每次你忍住不发脾气的时候，就拔出一颗钉子。"过了很多天，男孩终于将所有的钉子都拔了出来。父亲拉着他的手，来到后院的围墙前，说："孩子，你做得很好，但是现在看看这布满小洞的围墙吧，它再也不可能恢复到以前的样子了。你赌气时说的损害别人的话，也会像钉子一样在别人心里留下伤口，不管你事后说了多少对不起，那些伤痕都会永远存在。"

在生活中，每天可能都会发生一些不如意的事情，但是，这并不应该成为我们发脾气的借口。当自己想要发脾气的时候，应该做的第一件事是尽量让自己平静下来，以理智的眼光去看问题，思考到底出了什么问题，而不是乱发脾气，任由坏脾气爆发。

因为，每一次发脾气说出的话语、做出的行为，都像那一个个被钉子钉出的小洞，再也不可能恢复到以前的样子了，那些伤害会像钉子一样在别人心里留下伤口，不管事后说了多少对不起，那些伤痕将会永远存在。

对于任何事情，我们都不要任由坏脾气而轻易否定，因为存在即有其合理性。在现实生活中，许多人生气或愤怒的时候，经常是脸红脖子粗，恨不得把自己心里所有的消极情绪都发泄出来；消沉的时候，就一蹶不振，自暴自弃，刻意贬低自己。这几乎是坏脾气的人的一些日常表现，事实上，坏脾气带给我们生活的影响远不止这些。

只要还有明天，今天就永远是起跑线

在人生得意之时，欣赏高处的风景；在失意之时，在低处休养生息。有时候，我们要学会弯腰，懂得吃眼前亏，不要为了争执而伤了自己的元气，即使内心有许多无奈，但请勿抱怨，你在低处时实质也降低了自己的“门槛”。

凡事以平静心态面对，当你认为自己吃亏的时候，说不定这却是一桩一本万利的生意。不争执、不抱怨，从表面上说好像是一种损失，但从长远来看，却是一种智慧。当所有人都在向往“高处”的时候，你选择了休养生息，不仅为自己树立良好的形象，还会让他人对你产生莫大的好感。

印度的孟买学院是世界上最著名的佛学院之一，这个学院历史悠久，有着辉煌的建筑，更关键的是，这里培养出了许多著名的学者。据说，在孟买学院有一个细节是其他佛学院所没有的，那就是在大门的一侧又开了一个仅有1.5米高40厘米宽的大门，所有人都能轻易地进入，只要能保持稍低的姿态。一些初到学院的人感到十分不解，不过，后来，他们都承认正是这个小小的细节让自己受益无穷。

阿伟大学毕业后，为了锻炼自己的能力、积累社会经验，他选择了销售方面的工作。在公司，他所担任的职位是协助新来的业务经理开展工作。那个业务经理刚来不久，而且脾气很大，据阿伟观察，似乎他的业务能力也很差，几乎都是依靠下面的业务员拿业绩。另外，经理心胸狭隘，一点也不尊重人，总是带着命令的口吻与下属讲话。有时候，阿伟在工作中不小心出了错，经理也不顾及他的颜面，当众就把阿伟教训一顿。

面对这样的经理，阿伟心里也很窝火，因为自己经常是被训斥的对象。但是，他并没有发作，而是把怨气咽下去，始终赔着笑脸，因为他心里很清楚，摆在他面前的只有两个选择，要么和他大吵一架，然后走人；要么忍辱负重，休养生息，等待时机。聪明的他选择了后者，半年以后，公司高层发现了业务经理的问题，通过调查，认为他不适合做业务经理，就找个理由把他辞退了。而阿伟，因为一直表现不错，被公司任命为业务经理，这下子，阿伟如鱼得水了，很快把业务开展起来，为公司创造了很大的经济效益，赢得了公司上上下下的尊重。

过了几年，阿伟被提拔为主管业务的副总经理，过上了有房有车的生活。每当谈起这一切的时候，阿伟就不无感慨地说："我能有今天，就是因为我当初懂得在低处休养生息啊！而没有意气用事！"

在生活中，我们难免会遇到一些坎坷与挫折，遇到一些不尽如人意的事情，在这个时候，千万不要任由心中的怨气乱窜，或者意气用事，而要以一种忍耐的姿态来面对，平复激愤的情绪，以一份从容的心态去面对眼前的境遇，这才是一种审时度势大智若愚的胸怀。处于最低谷，也不要灰心丧气，只要你没有丧失志向，就一定有东山再起的机会。

人生的旅途，有高峰，也有低谷，所有人都想站立在高峰欣赏风景，但是，若没有低谷，我们如何能够休养生息，保持实力呢？如果你觉得现在的生活处境很糟糕，总是受人排挤，也不要生气，不要怨天尤人，学会忍气吞声，把这一切权当休养生息吧！

第9章 你认识谁，比你是谁更重要

我们要想取得成功，就必须要有独特的智慧和过人的人格魅力两个轮子的驱动，只有这样，才能成为一个真正的努力者，才能在更深远的意义上获取成功和体验人生价值。人脉和努力一样很重要，如果你足够努力，那人脉无疑是锦上添花的最佳捷径。

沟通中，判断比雄辩更重要

当人们总是抱怨很讨厌某个朋友，那么，我们是不是应该先反省一下自己呢？自己有没有做得不对的地方？人际关系学大师卡耐基曾说过："一个人的成就，85%取决于与人沟通的能力，而专业知识只占15%。"做一个会沟通的人，那会是什么样的人呢？

当然是一个受大家欢迎的人。当一个人在沟通中总是出现这样或那样的问题，又怎么会成为受欢迎的人呢？在沟通过程中，我们需要做到尊重对方，懂得忍让，彬彬有礼，不管是言辞还是举止，都要令对方感到舒服而不是鲁莽，这样我们就可以逐渐成为一个受欢迎的人了。

1943年，巴菲特离开老家奥马哈来到华盛顿，在整个初中三年，他一直都不适应这座新城市。再加上他本来就处于青春叛逆期，虽然，他的有些行为很让同学和老师头疼，但他还是想成为一个老师、同学、家长都喜欢的好孩子，他希望可以跟身边的人进行融洽的沟通。他常常为这样的事情苦恼，他想：能有什么办法呢？能有什么办法让别人喜欢我呢？

突然，脑海里一道灵光闪过，巴菲特想起自己看过的一本《如何赢得朋友和影响他人》，那里有这样一句话："如果你想采到蜂蜜，就不要踢倒蜂窝。”也就是说，假如你想和别人做朋友，并得到甜蜜的友谊，那就不要批评别人，因为批评对方会令他伤心难过，让人心生怨恨，就好像捅了马蜂窝一样。

巴菲特再从书架里拿出那本书，并将其中的一部分摘抄下来：“人人都希望受到注意和赞美，没有人希望被批评”“在所有的文字中，最好听的声音是自己的名字”“处理争执最好的方法就是避开争执”“如果发现自己错了，马上坦白认错”“问问题，而不要命令别人”“帮助别人留下好名誉”“婉转指出别人的错误，让别人保住面子”。就这样，巴菲特渐渐懂得了如何去沟通，如何在人际交往中尊重别人。

席勒说：“不知道他自己尊严的人，他就完全不能尊重别人的尊严。”自尊是每个人必须学会的第一个原则，从小，我们就应该学会“站着”，而不是“趴着”去仰望那些大人物，这样所建立的自信心与健全的人格会为我们的一生打下坚实的基础。一个人的心灵世界，是要靠自尊来支撑的，尊严可以带给人自信，也可以改变一个人的命运。

一个好的沟通者必须具备这样的条件：富于幽默，这样可以缩短与对方的距离；善于解决矛盾，当沟通的双方出现了一些冲突，可以缓和矛盾，调节气氛；性格温和；面对任何人都需要热情洋溢；善于与各种类型的人打交道。

在人际交往中，对方的态度往往取决于自己的态度，就好像你站在镜子面前，你笑时，镜子里的人也跟着笑；你皱眉，镜子里的人也在皱眉；你对着镜子大喊大叫，镜子里的人也会冲着你大喊大叫。当我们想要赢得他人的尊重与信任，就应该先尊重和信任他人。如果说你是一位善于沟通的人，那是因为你让所有人都感受到了尊重。

最美好的东西就是与他人的友谊

卡耐基曾说：“我认为我是幸运的，因为我有很多亲密的朋友，每年定期见面，当你有交心的朋友时，你绝对不会感到不快乐。”在好莱坞，流行着这样一句话：“一个人能否成功，不在于你知道什么，而是在于你认识谁。”足以见得，人脉是一个人通往财富、成功的入门票。尊重朋友，善待朋友。财富不是一生的朋友，但朋友绝对是一生的财富。正如爱因斯坦所说：“世间最美好的东西，莫过于有几个头脑和心地都很正直的朋友。”人际关系也就是我们经常说的人脉，它是一个人通往财富、成功的入门票。

在任何年代，人脉的重要性都不可小觑，现代社会，人脉日益重要，正所谓“朋友多了路好走”。所以，在日常交际中，多交朋友，为自己广布人脉，因为这是你成功的开始。

徐静蕾毕业于北京电影学院表演系，中国女演员、导演，与章子怡、周迅、赵薇并称“四小花旦”，因其自导自演电影及博客点击率在国内长期排名第一，有“影视圈才女”之称。于2007年开设网络电子杂志《开啦》。因其书法手写体“清冽而又优雅”独具个性美感，被开发出字库“方正静蕾简体”。但她的星路和同一时期的女明星非常不同，这一点可以从她广布人脉看出来。

徐静蕾在电影学院念书的时候，就结交了著名作家王朔，而在王朔的那个圈子里则有刘震云、梁左、冯小刚等知名大腕，这些大腕在娱乐圈或在文学圈，都是处于主导地位的，是非常有思想的。而徐静蕾并没有凭着这个机会进军娱乐圈，而是不断地提高自己，熏陶文学气息，再加上她天资聪慧，自然赢得了“影视圈才女”之称。后来徐静蕾开始自己做导演，在她第一部电影《我和爸爸》中，导演叶大鹰是主角，而知名制作人张亚东居然也在剧里客串一把。她的朋友很多，而且所结交的朋友都是导演、制作人，有方兴东、老潘这种专业领域出类拔萃的，更有韩寒这种“少年作家”。正是这样的人脉关系，使得徐静蕾的星路越走越远。

有人总结说：“对于一个人来说，二十岁到三十岁，他靠专业、体力赚钱；三十岁到四十岁，则靠朋友、关系赚钱；四十岁到五十岁，靠钱赚钱。”在一个人的成就里，人脉始终占据着重要的位置。

胡雪岩喜欢交朋友，喜欢帮助别人。而且，胡雪岩交起朋友来，生冷不忌，水陆并陈，没有三六九等的界限，似乎什么人都和他有缘分。当然，胡雪岩的朋友，大多数是生意上的，为着各自的或共同的利益而合作，互惠互利，以利益为纽带。他常说一句话“为朋友着想”，实际上就是站在对方的角度充分揣摩对方的需要，照顾对方的利益，并对对方施以恩惠。

在阜康钱庄开业的时候，胡雪岩为了赢得朋友，给那些官太太、小姐等各存了二十两银子，还给黄巡抚的仆人刘二存了银两。刘二拿到了存折，马上在阜康钱庄存了一百八十两银子，还向朋友罗尚德宣传胡雪岩的为人。罗尚德本是绿营兵的小官，因省吃俭用，存了一万多两银子，听了胡雪岩的为人如何讲义气，他连夜赶到阜康钱庄，要求存款，不要利息，不要存折。如此一来，胡雪岩认识了更多的朋友，可谓是广布人脉。

后来，像浙江藩司麟桂、京城官员宝森、漕帮尤五，甚至连湘军将领左宗棠都成了胡雪岩的朋友。于是，胡雪岩想不成功都难了，一下子成为朝廷赐封的“红顶商人”。

胡雪岩的一生都在经营人脉，而其丰厚的人脉资源使得他最终获得了成功。一个人若是朋友多，他做任何事情都感到游刃有余，才有可能为自己事业的成功开拓宽广的道路。相反，一个人若是没有朋友，他定会处处碰壁。广布人脉是一个人成功的砝码，经营人脉资源，学会处理人际关系，不仅能为自己雪中送炭，而且，在贵人的帮助下，你的人生有可能会锦上添花。

对于人情储蓄来说，宜储存却不宜透支。尽量把人情用在刀刃上，你应该查看自己人情账户上，你与对方的交情究竟有多少，人情有多重，掂量事情的分量，再决定要不要找对方帮忙，千万不能没有轻重缓急。

有人说："判断一个人的魅力，只要看看他朋友的多少；判断一个人的能力，只要看他人气的盛衰。"当然，创建人脉资源并不容易，因为获得他人一时的好感很容易，但要永久地获得他人的支持却很难。

一个人的人脉取决于其品位、人格，等等，而把握人脉的关键不在方法，不在手段，而在内心。股神巴菲特在任何时候都以诚待人，这是他能广布人脉的诀窍。所以，在日常生活中，要有意识地建立自己的人脉关系，这样，你未来的道路才会走得更加顺畅。

请与优秀的人做朋友

对于年轻人而言，结交什么样的朋友，对一个人的一生是十分重要的。中国有句古话："近朱者赤，近墨者黑。"这句话说明了朋友对一个人的影响，假如我们想了解自己的朋友，可以通过一个与他交往的人去了解他。比如，一个饮食有控制的人不会和一个酒鬼混在一起；一个举止优雅的人不会和一个行为粗鲁的人交往；一个洁身自好的人不会跟一个自甘堕落的人交朋友。好的朋友就好比一个良好的环境，可以让我们自己也变得好起来。

在这里，并不是说那些比我们看起来稍逊一筹的人就很差，其实，每个人身上都有值得我们学习的地方。不过，那些优秀的人更值得我们学习，他们之所以优秀，就是因为身上有一些常人没有的闪光点，那才是我们学习的关键之处。

巴菲特可以说是世界闻名的投资大师，不过，其朋友芒格却很少人知道。这位芒格先生也是伯克希尔公司的董事会副主席，虽然他经常与巴菲特一起出席公众场合，但大多数情况下都是巴菲特一个人在那里高谈阔论，而芒格总是沉默不语。千万不要小看了巴菲特这位朋友，在巴菲特所创造的许多经典投资案例中，有很大一部分功劳属于芒格立下的。就好像巴菲特大儿子霍德华曾说："我爸爸是我所知道的'世界上第二聪明的人'，第一是谁？当然是芒格。"

1975年，巴菲特与芒格开始正式合作。刚开始的时候，巴菲特在投资中一直推崇"廉价股"，他认为这是最好的赚钱方法，当然，这样的一种投资方式在早期也收获了不少。不过，作为合伙人的芒格表示，随着经济的不断发展，投资市场上的"廉价股"会越来越少，因此他认为巴菲特的投资方式并不是万能的。芒格觉得，假如一家公司的赢利足够好的话，即便它的股价再高一些，也是值得购买的。同时，芒格还说道："在投资时要注重公司管理者的素质，假如一家公司的领导层是一群有抱负、善于管理的人，那么这个公司一定能有一个光明的前景。”

事实上，在投资这条路上，芒格确实给予了巴菲特很大的启示。对于芒格的这些理念，巴菲特作出了肯定的评价，他说：“他把我推向了另一个方向，我以非同寻常的速度从猩猩进化到人类。”

俗话说：“三人行，必有我师焉。”优秀的朋友可以帮助我们进步，他们的智慧、知识、能力等方面的长处可以成为促使我们前进的能量和源泉，从而让我们获得一些终身受益的东西，那是因为单独的一个人可能灭亡的地方，两个人在一起可能得救。

希拉里早年在卫尔斯利女大读书，在那里聚集着全美成绩优秀的学生，但是，她们并不是全美学习最好的学生，学习最好的学生去了哈佛大学。刚刚进入卫尔斯利大学的希拉里产生了挫败感，自己一直到高中毕业都是周围人眼中的好学生，在学校备受瞩目，但现在却“沦落”为无人理睬的普通学生。不过，希拉里并没有被挫折感击倒，她想用哈佛学子的学习方法来武装自己，使自己成为卫尔斯利女大的第一名。

但是，哈佛学生一直以排外出名，其秘密学习俱乐部从来不接受外校的学生。于是，为了进入哈佛大学的秘密学习俱乐部，希拉里决定成为这个俱乐部成员的女朋友。过了一段时间，希拉里就成为哈佛大学三年级杰夫·希尔兹的女朋友，接着她又结识了男友的朋友，没过多久，她就成为男友所在的“哈佛书呆子俱乐部”的非正式成员。在与哈佛学生的相处过程中，希拉里学会了新的学习方法和辩论方法，正是这一段不寻常的学习经历造就了希拉里最后的成功。

希拉里善于为自己创造一个良好的环境，那就是认识比自己更优秀的人。当大多数女生都与自己水平相近的朋友们在一起对明星、男生、美食或者时尚津津乐道，消磨时光的时候，希拉里却在和哈佛高才生们关于政治、理念、时事等各类深刻的问题展开激烈的讨论和辩论。事实证明，这一招是管用的，因为我们可以从那些优秀的人身上学到更多的东西。

假如年轻人受到良好的影响和明智的指导，谨慎地运用自己的自由意志，那他们就在身边寻找比自己优秀的人作为自己的榜样，努力去模仿他们。与比自己优秀的人交朋友，就会从中汲取营养，使自己得到长足的发展。

人情储蓄要多存，建立人情账户

有的人喜欢找朋友帮忙，有的人却乐于帮助朋友，前者透支人情，后者在储蓄人情。当我们在银行开个户头，就可以将一些闲散的资金储蓄起来，以备不时之需，你储蓄得越多，你的财富就越富足。

其实，人情也是可以储蓄的，与人联络感情，拓展人脉，就好像往银行里不断地储存一样，存得越多，存的时间越久，你可以获得的利息就越多。与存钱不同的是，建立人情存折就是把银行开在朋友的心里，为了维系你们之间的关系，而存入一些真情、关怀，你在人情存折中存入的人情越多，与朋友之间的感情就越深厚。

储蓄人情是为了拓展自己的人生道路，以备自己遇到麻烦的时候，到朋友那里支取。但是，依靠人情办事是有一定限度的，透支了反而会令人很尴尬，而且，人情储蓄也不能即存即取。假如你刚刚储蓄了人情就急于找后账，希望得到回报，那你就犯了人情世故的大忌。你不仅会丢掉这笔人情账，还丢掉了面子，也丢掉了做人的分寸。因为在很多时候，人情账是宜储蓄而不宜透支的。

在我们身边经常有这样的人，帮助了别人，就觉得有恩于人，于是怀着一种优越感。其实，这样的心理是很危险的，会在无意之中透支了自己的人情账户。助人为快乐之本，只要你怀着热忱，善于帮助别人，给别人面子，多储蓄一些人情，就会获得更大的帮助、更多的人情。以前经常听人说“信用卡透支了”，稍有不慎，你也会透支了人情账。人情一旦透支了，你们之间的感情就会变淡，对方甚至对你避之唯恐不及，这时候，你的人情账户已经没有任何作用了，反而自毁信誉。

在中国互联网界中，马云是一个异类，他不懂电脑，不懂管理学，不懂广告，不许公司做广告，他不仅不会高薪聘人，对进来的人还减工资。他说："网络公司没好日子了，中国新经济就有希望了，现在热闹的是造工具的人。"他认为自己很傻，"像阿甘一样简单"。然而正是这样的公司，软银的孙正义，在6分钟内，决定投资上亿元，被国际媒体称为继雅虎、亚马逊、易贝之后的第四种互联网模式。因为所有的中国网络公司都是美国某一个模式的翻版，只有它是例外。马云给中国互联网公司吹来一股返璞归真的清新之风。

马云小时候爱打架，打了无数次的架"没有一次为自己，全是为了朋友"。由于家庭出身不好，家庭压力大，父亲脾气火暴。马云在父亲拳脚下长大，在家待不住，四处交朋友。马云在读大学的时候，是院学生会主席和杭州市学生联合会的主席，结识了许多朋友。他能够在杭州比较顺利的发展，与学生时代积累的人际关系密不可分。后来，马云创建阿里巴巴，启动资金就来自于他的亲戚、学生、朋友，以及几个曾经跟他从杭州到北京，再从北京回杭州的老部下。

美国人际关系大师卡耐基说："一个人的成功，专业知识的作用占15%，而其余的85%则取决于人际关系。"只有你处理好了人际关系，才会拥有丰厚的人脉资源，马云无疑是这一类人的佼佼者。正是他不断地储蓄自己的人情账户，所以，那些丰厚的财富也成就了他的一生。

如果你想建立持久的人脉关系，就需要不断地增加人情储蓄。因为朋友之间也是互惠互利，彼此之间都有所期待，假如你只顾消费人情就会使原来的信赖枯竭了。

对于人情储蓄来说，宜储存却不宜透支。尽量把人情用在刀刃上，你应该查看自己人情账户上，你与对方的交情究竟有多少，人情有多重，掂量事情的分量，再决定要不要找对方帮忙，千万不能没有轻重缓急。

当你遇到事情的时候，尽量靠自己去解决，动用人情的次数要尽量少，以免透支人情。另外，假如你获得了对方的帮助，你也应该适当地回赠，比如主动帮对方、请吃饭都可以，千万不要认为人家帮助你是理所当然的，否则你的人情还是被透支了。如果你动不动就请人帮忙，时间久了，你就会逐渐变成一个不受欢迎的人。

在生活中，偶尔到了外省，遇到了一个老同学，即使多年没见，但依然可以重拾往日的友谊，没有一丝生疏之感，那是因为过去积累的人情还在。但在生活中与我们经常接触的人，就必须要经常投资，否则发生透支，就会令人措手不及。

有效认识朋友的朋友

曾经有人说：即使两个完全不认识的人也能够通过六个人

就相识了。这显得很玄乎，但在这个世界里就是这样。每个人都有自己的交际圈子，你和朋友是一个圈子，但你们同时分别还有另外一个圈子。有时候，因为一起参加聚会、晚会，你的朋友就很有可能把他的朋友介绍给你认识，然后你就会有一些新朋友了。

在社会交际中，这是十分正常的，而且因为朋友做了介绍，你与新朋友之间充满了信任和友好，如果长时间联系，一定会成为你的好朋友。这是一个积累人脉资源的过程，也是一个拓展交际圈子的过程，这样的场景似乎每天都在上演着。

为什么有的人朋友越来越多，遍布了各个行业，他们很多时候就是通过朋友介绍所认识的，让朋友的朋友成为自己的朋友，拓展了自己的圈子，建立了良好的人脉资源网。聪明的人，善于结交朋友，善于挖掘朋友背后的人脉资源来为己所用。所以，日常生活中，我们也要学会拓展自己的交际网，把朋友的朋友变成自己的朋友。

一般来说，在我们身边的朋友都是与我们交往异常密切的，他们的品位、能力都与我们相当，这样一来，他所在的朋友圈子也是不错的。所以，你千万不要忽视了隐藏在他背后的丰富资源，当你通过朋友认识了许多新朋友，甚至融入一个新的圈子，无形之中，你又为自己积累了不少人脉资源。而这对于你的工作、事业都是很有帮助的，大家在一起互相交流、互相帮助，最终成就你成功的一生。

张颖，美国中经合集团董事总经理、中国区首席代表，他就是因为善于拓展人脉圈子而最终获得了成功。

1996年，张颖从旧金山大学毕业，进入斯坦福医学院旧金山医学中心工作，他在工作中很注意结交朋友，同一实验小组的同事Rey Banatao就和张颖成了很好的朋友。张颖因此常到Rey家玩，也由此认识了Rey的父亲Dado Banatao——一个亿万身家的菲律宾裔美国投资家。

后来，张颖前去美国中经合集团应聘投资经理，恰好中经合的创始人刘宇环跟Dado Banatao是多年的老朋友。于是，双方在面试中谈起了各自与Dado Banatao的交情，由此也产生了熟悉和信任感，并在这一共同话题的导引下谈得十分投机。2001年2月，张颖顺利地加入了中经合集团成为投资经理。

张颖本来只是同事Rey Banatao的朋友，后来又认识了同事的爸爸Dado Banatao，他让朋友的父亲成了自己的朋友。而对于一个这么享誉的头衔，背后肯定有着丰富的人脉资源，而张颖后来去美国中经合集团应聘投资经理，而中经合的创始人刘宇环跟Dado Banatao是多年的老朋友，这时候，善于笼络关系的他让朋友的朋友成了自己的朋友，这样一来，自己的面试成功了一半，最后他成为投资经理。

大凡有着不俗成就的成功人士，并不是具有非比寻常的能力，而在于他们善于去认识新朋友。假如他们结交了不错的朋友，那么就一定不会放过隐藏在他背后的人脉资源。更有甚者，为了结交某位人士，不惜先从他身边的朋友开始入手，再通过他的朋友介绍认识，这样一来，彼此之间的信任度就比较高，也很容易建立起良好的人际关系。

当今社会是一个竞争激烈的时代，通过编织良好的人脉关系网来为自己铺好通向成功的路，绝对是一个好方法。当你还在为没有良好的关系网而担忧的时候，不妨让朋友的朋友成为自己的朋友，不断地积累自己的人脉资源，铸就最终的成功之路。

贵人驾到，请抓住机会

如果有人告诉你“今天将有贵人光临你身边”，你会相信吗？许多人似乎并不相信生活中会存在“贵人”这样的好运，然而，贵人光顾还真的会给当事人的生活和命运带来意想不到的影响。所谓的贵人，实际上就是赏识自己的人。一个人不努力，缺乏真本事，别人不可能来赏识、栽培你，即便有人推举你、提拔你，最后也会因为你缺乏能力而作罢。假如是有本事的人，一直没有人来赏识你，那是否也容易受委屈呢？有本事而又愿意努力的人，加上有人提拔，会不会平步青云、早日获得应有的表现机会呢？尤其是年轻人，他们未来的成功虽然离不开自身的努力，但假如善于借助贵人的帮助，将会事半功倍。

安妮大学毕业后，应聘进了著名的跨国公司，自知英文很差，便死记硬背了所负责产品的英文解说词。有一天下班后安妮单独留在公司，办公室进来一个中年人，找个座位坐下来就开始用电脑工作。

这时，一个客户的电话打进来，正好碰上是安妮所负责的产品，因为熟练，她流利地用英文“表现”了一番。电话接完，中年人抬起头，说了一句：“你是安妮？英文很棒嘛！”

几句话聊下来，安妮才得知，眼前的是大中国区的董事长。从此以后，受到大老板鼓励的安妮信心大增，英文进步很快。而董事长也常常问起那个英文很棒的女孩子工作如何，出色与否，引得安妮的同事们惊讶无比。

年轻人初涉职场，在职场上抓住身边的贵人，是职业发展的窍门之一，同时也是职业成功的标志。年轻人应该明白，贵人就是可以带给自己幸运，能够给自己提供帮助的人，能够给自己排除危险和危机的人。当然，贵人大多是有能力和身份的人，在自己的朋友圈中，假如你是最优秀的一个，你就难以获得更大的成功。跟冠军在一起，自然容易成为冠军；与普通人混在一起，时间长了，你也就变普通了。与优秀的人和成功者进行交往，这就是年轻人应该做的，因为你的贵人也许就在这群人中间，别怕与大人物打交道，有时，你只是需要一些勇气。

布朗说：“使我自己无所不在并不是个苦差事，我喜欢这么做。当然了，跟那些掌权的人保持一种亲密的工作关系也不大可能有损我的事业，我从来不理解为什么其他人不这么做，结果使公司离开了他。”布朗是老板比利·盖次器重的员工之一，我们来看看他是如何赢得上司的青睐的。

从布朗被盖次公司录用的那一刻起，他就认为自己是一个“盖次”人了。在这之前，布朗应聘了许多家大公司，但那些公司都要求与众不同的教育背景，而盖次更看重业绩，鼓励实干。在一个公司，若是有博士生与中学辍学生一起工作，他也会一视同仁。对于公司这一点，布朗很欣赏，他觉得那是自己应该待的地方。

每天，布朗早上到班，除了老板比利·盖次，比其他人都早。这时，如果盖次想抽支烟或者谈谈昨晚的足球比赛，而只有布朗在办公室，所以，盖次就跟布朗聊。从聊天中，布朗了解到盖次所担忧的事情，他总是能够给出好的解决方案，因此，布朗在26岁的时候，就成了老板盖次身边的红人。

人之所以容易失败，是因为不善于和前辈交际。第一次世界大战中法兰西的陆军元帅福煦曾说过：“青年人至少要认识一位深谙世故的老年人，请他做顾问。”萨加烈也说了同样的话：“如果要求我说一些对青年有益的话，那么，我就要求他们时常与比自己优秀的人一起行动。就学问而言或就人生而言，这是最有益的。学习正当地尊敬他人，这是人生最大的乐趣。”

不少人总是乐于与比自己差的人交际，这确实很容易得到安慰，因为在与之交际时，能借此产生优越感。但是，从不如自己的人身上，明显是学不到什么的。而结交比自己优秀的朋友，可以促使自己更加成熟，我们可能会从比自己差的人那里得到安慰，但却可以从比我们优秀的人那里得到帮助。

年轻人的生命中有贵人出现，是成功道路上的一大转机。一切从困厄到顺利的转变，都将随着贵人的出现而发生。年轻人只有凭借贵人的帮助，事业才会拨云见日、步步高升。可以说，借贵人相助，是赢得成功最简捷、最有效的途径。

年轻人不管多么聪明，具备多么优越的条件，假如没有人帮助你，或者有人故意刁难你，那你就很难成为一名成功人士。每个年轻人都盼望遇上贵人，但经常会有人感叹自己运气欠佳，一辈子遇不上一个贵人。实际上，这并不是因为你运气欠佳，而是你还没有敞开容纳贵人的心灵之窗。

建立人际关系，扩充人脉资源

在日常的社会交际中，总有许多层出不穷的活动，比如慈善晚会、新品发布会、某某周年庆、画廊酒会等商务聚会，还有很多鸡尾酒会，圣诞宴会等。其实，并不是人们热衷举办这样形形色色的宴会活动，而是基于人们进行正常社交的心理需求。

试想，在一个大型的社交活动中，有多少有品位的人，有多少达官显贵，有多少成功人士，而年轻人作为社交活动的一员，自然有机会一睹他们的容颜，更有机会与他们建立良好的人际关系，扩充自己的人脉资源。

所以，年轻人要学会塑造自己，对于那些有价值的社交活动千万不要错过。每天与那些形形色色的人打交道，有可能他就是你未来的事业合作伙伴，或许还会成为你人生道路上的贵人。

朱艳艳是上海视点公关公司的总经理，她所建立的人脉网络极其丰富，除了拥有众多的媒体朋友，世界500强的公司，如联合利华、三菱电机、通用磨坊都是她的客户。她是怎么做到的呢？

朱艳艳在23岁的时候，已经是兰生大酒店的公关部经理了，当时她对自己每天所扮演的角色也显得有些懵懂，几乎每天都是在忙碌中度过的。她需要把中国文化介绍给外国客人，举办各种新闻发布会，工作的跨度比较大，从举办各类宴会到媒体联络，几年的历练使她建立了一张无所不包的关系网。她拥有一大帮记者编辑朋友，娱乐、经济、体育记者一应俱全，还有主持人、明星以及政府部门上上下下的工作人员，这无疑成为她人生中的第一桶“金”，那就是人脉的无形资产。

1997年年底，惠而浦与上海一家公关公司的合约即将到期，她的一位在惠而浦工作的老板引荐了她，她最终获得了这家公司的公关代理权；凭着2001年一手策划的“奥妙新妈妈大赛”，她成为首位获得国际“金鹅毛笔奖”的中国公关人。

朱艳艳的经历告诉我们，参加一些有价值的社交活动，可以为自己积累庞大的人脉资源网络。这些积累下来的人脉资源，就如同一张人脉存折，会成为你事业成功的基石，也会成为你人生中一笔不可多得的财富。

曾毓芬专门从事高阶人力中介，现今担任昱藤数字人力资源公司总经理，可在四年前，她也是一位普通的职员而已。当时，她为了拓展自己的人脉关系网，参加了人力资源协会。

那时候，她只担任会员服务组一个毫不起眼的组员，但她奉献时间，每个月举办研讨会，把握每一个认识别人的机会。逐渐地，她的知名度打开了，晋身为主委，人脉竞争力也跟着提升，业务自然也跟着蓬勃发展，短短三年的时间，她的月薪从五万跳级到二三十万元。

有的年轻人会觉得自己所置身的圈子太过狭窄，那么开拓人脉圈子的最佳途径，就是打破狭小圈子的限制，走向更大的人脉圈子，而参加一些有价值的社交活动则是有效的途径之一。参加一些有价值的社交活动，可以增加自己曝光的机会，所以尽可能多地参加一些宴会、社团活动，即便是公司内部之间的社交活动，也是把自己推销出去的一个渠道，也是结识公司管理高层领导的一个机会。

除了参加公司内部的社交活动，你还可以选择性地参加一些聚会。几乎每个年轻女孩都参加过聚会，但是参加什么聚会，如何参加聚会，却是一门学问。无论参加什么样的社交活动，都需要有选择性，比如符合你的性格、爱好、所处行业、从事的工作、目前需求等。同时，你在参加聚会的过程中，也需要有选择地认识一些人，跟什么样的人维持长期的关系，这有助于扩展你的人脉资源。

第10章 人生如下棋，需要不断博弈

在这个世界上，可以在赢时退场的人，才是真正的赢家。人生就是一个局，我们总是在与自己博弈，人生的过程就是一个不断地与自己博弈，提升自己，并最终战胜自己的过程。

以谬制谬，将计就计

正确使用将计就计，首先，要有极强的判断力，即通过观察分析、想象推理，能够正确判断对方准备或者正在实施于我有害的计谋，而且对是个什么样态的计谋也有个基本的了解。其次，要有快速、高超的设谋能力，针对对方准备特别是正在实施的计谋，必须快速，若不快速，再高超的谋略也因时过境迁失去意义；但是，如果只有快速而没有高超，就不能将对方套进己方设下的圈套之中，搞不好会落得弄巧成拙的结局。

将计就计，在于利用对方所用的计策，反过来对付对方，更在于一个“巧”字。在使用这个计策时，需要找准对方计策的漏洞，利用对方的计策为己所用，才能达到计中计的目的。

周瑜设计请求孙权假意将妹妹许配给刘备，骗刘备到江东，再扣下刘备，换回荆州。当刘备看到信之后，踌躇不前，诸葛亮却说：“周瑜的计策，瞒不过我，我有办法，既让主公娶得吴候的妹妹，又保荆州万无一失。”既然如此，不如将错就错，结果确实妙趣横生——周郎妙计安天下，赔了夫人又折兵！

“以谬制谬”，也就是面对对方的谬论，我们有时可以用确凿的事实、严密的论据去反驳，但以谬制谬的方法却不是这样，而是用跟对方同样荒谬的言语进行反击，这同样也能达到制服对方的目的。用简单的话来说，就是当对方说出错误的言论时，不要去纠正他，而是顺着对方的错误言论，推出错误的结果。一旦结果呈现在对方面前，对方的错误言论也就不攻自破了。这种方法相当于对方主动开口承认自己的言语是错误的，对论敌来说，无疑是自己打自己的耳光。当然，正因为如此巧妙，这一方法才会在辩论中发挥出强有力的作用，让对方无法还击，只能哑口无言地呆愣在那里。

楚庄王要给马办丧事，这本来就是很荒唐的，而将马的葬礼办得跟大夫的葬礼一样简直就是胡闹。但在楚庄王看来却不觉得有什么过错，因为他太爱那匹马了，面对楚庄王如此的决定，大臣们怎好反驳呢？这时优孟先不指出楚庄王的错误，而是顺着他的想法，推理出一系列结论，让楚庄王意识到自己的想法是荒谬的，而优孟则达到了“以谬制谬”的目的。

我们可以知道，以谬制谬的方式只针对对方的言论是谬的，假如你明明知道对方的言论是正确的，还使用这个方法，那无疑给自己难堪，因为你所推理出来的结论会证明你的言论是错误的。

即便发现对方的言论是极其荒谬的，也不需要说破，而是先假设对方观点是合理的，然后将对方貌似合理的论点加以引申，推出一个明显错误的谬论。以其人之道还治其人之身，有力驳倒对方的观点，这样的反击才是大快人心的。

绵里藏针，顺势战胜对手

在三国时期，周瑜也算是智慧过人，也施展过“将计就计”这样不凡的谋略。不过，最后甘拜在诸葛亮的“计中计”之下。当时，周瑜设计假言出兵取西川来换荆州，想借机夺取荆州。诸葛亮将计就计，设伏大败吴军。气得周瑜箭疮复裂，坠落马下，以致长叹而亡。

当然，和所有的计谋一样，计中计的使用也必须注意隐蔽性，要将自己的真实目的隐藏起来，当对方使用计策的时候，己方要假装被蒙蔽，不能使敌人生疑。等对方完全相信的时候，再施展计策，这样才能使计策发挥出效果。如果出现了疏忽，就会引起对方的警觉，造成牵一环而动全局、缺一计而前功尽弃的后果。因此运用计中计，一定要注意精心策划、周密布局，不留一丝一毫的破绽与漏洞。只有这样，计中计才能完美无缺地得以施展，才不会有“百密一疏而功亏一篑”的遗憾。

“计中计”不但可以用在敌人身上，也可以用在自己身上。在人际交往中，人与人之间难免会有争论，假如自己被对手咄咄逼人的攻势已逼到墙角时，与其奋起反抗、拼命挣扎，不如将计就计，竭力抓住对方的观点中与自身观点相连带的关系，运用联想、想象等思维活动巧妙地提出一个关联性命题，令对方的荣辱与自己的荣辱紧密相连，不可分割。这样，矛盾的双方就被紧紧地捆绑在了一起，一荣俱荣、一辱俱辱，使得对方不敢再出言挑衅、刁难或提无理要求。

顺着对方的套路来，将计就计，绵里藏针，往往是战胜对手的最好也是最轻松的方法。做任何事情也是如此，在生活中，要跟随对方的脚步，摸清对方的套路，这样就能让自己立于不败之地。

如果对手的手段极其阴险，而又毫无章法，他们的行为既不受道德规范约束，也不遵从游戏规则。因此，我们在面对他人的陷害时，常常毫无准备就掉进其挖好的陷阱之中，使其奸计得逞。其实，我们要想躲过对方的陷害，就需要随机应变地采用一些合适的方法，当我们无法应对诡计多端的人，不妨将计就计，巧妙地躲过对手的陷害。

对对手，不能进行正面交锋，这样只会使自己处于一个极为被动的境地，不如反而行之，借助对方的阴谋，巧妙躲过陷害。有时候，面对小人的计谋，你可以从其异常的行为中察觉出一些端倪，这时候，你不要声张，也不要当面拆穿小人的伎俩，而是将计就计，使自己巧妙躲过小人的陷害，也使小人得到一个深刻的教训。

俗话说："明枪易躲，暗箭难防。"而小人惯用的伎俩就是暗箭伤人，这是我们防不胜防的，与其在毫无预备之下受伤，还不如先发制人，使小人断了陷害于人的念想。其实，当你与小人经过一番较量之后，你会发现小人并不像传说中的那么难以应付，只要你拿出对方使坏的确凿证据，抓住小人的把柄，也会使他乖乖就范，收敛嚣张的气焰。

总而言之，我们在面对敌方计划好的阴谋时，千万不要误以为就没有回旋的余地，傻傻地看着小人的奸计得逞。很多时候，只要你有敏锐的观察力和灵活的应变能力，就一定能在千钧一发之时，以不变应万变之势，以彼之道，还施彼身，将计就计躲过小人的陷害。

做最好的投资——感情投资

人都是有情感的，情感是每个人都存在的一种心理活动，正是由于人们都有情感，才产生了人与人之间的相互影响和交流。人的某些行为都是在情感的支配和影响下产生的，情感也起着重要的桥梁作用，它可以促进人们之间的交往，协调和改善人际关系，维持彼此关系的稳定与和谐。交往中，时刻保持亲切的话语、温和的笑容、善良的调侃，都是以情动人，使人心悦诚服。“动之以情，晓之以理”，就是用充满感情的方式打动别人，用讲道理的方式告诉别人。说服一个人心甘情愿地为你效劳，最好的办法就是用情去打动他。

吴起是何等聪明的将军，不需要威逼利诱，就可以让士兵心甘情愿地为他在战场上奋勇杀敌，勇往直前，甚至不惜牺牲自己宝贵的生命。他的秘诀就是“动之以情”，他身为主将，却没有高高在上的架子，而是与士兵们同甘共苦，时刻让士兵们觉得将军是和他们同在一起。吴起亲自为一小卒吸吮流脓，更是深深打动了小卒的心，在一个普通的士兵眼里，将军对自己的关心让他觉得没有什么比这更好的殊荣了。士兵在那刻已经暗暗下定决心，为了将军不惜肝脑涂地。

当鸡蛋掉在石头上时，鸡蛋很容易破碎；当皮球掉在石头上时，它会弹起而保持完好无损。为什么会出现这么大的反差？这是因为皮球对强大的外力能以柔韧化之，而鸡蛋却不能，所以才有“以卵击石，自不量力”的说法，而这其中蕴含的就是以柔克刚，以情动人的道理。所谓以情动人，就是耐心、信心、恒心、毅力的比较。在这些方面，谁占了上风，谁就是真正的胜利者。做到“虚怀若谷”，对自己充满信心，胜不骄、败不馁。

棉所特有的就是柔软，它比石头还刚硬，用的就是以柔克刚之道。而石头是坚硬的，如果以硬碰硬，石头也算不上最具攻击性的。而棉却不一样，无论怎么发力，它都能以力还力，使自己毫发无损，这不能不说是它的过人之处。当然，人亦如此，最能攻入他人心里的，无疑是情，情亦可动人，又可伤人，杀伤力都是巨大的。我们不妨学一学棉物以柔克刚之道，巧妙地以情动人，以情感化他人，这样，说服他人就显得容易多了。

“四两拨千斤”这个成语讲的正好是以情动人的道理。俗话说：“百人百心，百人百性。”有的人性格内向，有的人性格外向，有的人性格柔和，有的则性格刚烈。古往今来，我们不难发现，大凡刚烈之人容易被柔和之人征服利用。人与人相处，应己之长，克其之短。

面对刚烈火暴之人，我们最好的方式就是以情以柔之姿去避其锋芒。这就恰似细雨之于烈火，烈火熊熊，细雨蒙蒙，虽然说不能当即将火扑灭，但是却很有效地控制住了火势，并一点一点地将火熄灭。生活中，以情动人无疑是最好的说服他人的方式。

孟子曰：“天时不如地利，地利不如人和。”这里的“人和”就是关系、感情，孟子早在几千年前就知道了感情的重要性。实际上，人际关系的实质就是一种情感互动，人们能从人与人的交往中得到温暖、友情和爱，从而对生活充满热情。每个人都需要爱和感情的慰藉，感情投资正是通过满足人们人性的需要、感情的渴望而进行的投资。古往今来，无论是英雄豪杰还是企业成功人士都十分注重感情投资。

胡雪岩说：“欲无办大事之难题，必先倾全力做到圆世道、圆身心。”在胡雪岩的眼里，处理好人际关系是经商成功的一半。在这个处处需要人情的社会，人与人之间的关系大多是靠情来维系的。这就需要人们不自觉地进行感情投资，“没有春风，唤不来秋雨”，就是这个道理。作为一个企业的管理者，如果有人问你：世界上什么投资回报率最高？你会如何回答？日本麦当劳的社长藤田田的答案是：在所有投资中，感情投资花费最少，回报率最高。

藤田田成功的秘诀就是对自己的员工进行感情投资，每个员工都希望自己能够得到上司的肯定，如果受到了来自上司的关心，他就会受宠若惊，发誓加倍地努力工作。而藤田田正是洞察了员工这样的心理，感情投资换来了员工们的积极性，也保证自己企业的成功。感情投资所产生的巨大创造力，是其他任何投资都无法比拟的。有人说过："世界上最难征服的是人心，世界上最易打动的也是人心。"感人心者，则莫乎于情。

每个人都有爱的需要，感情投资正是通过满足这样的需要，针对感情的饥渴而进行投资，是迎合别人内心的渴望，因此，感情投资也是一种最有效的投资。

看似不经意的问候，其实都是平常生活中对他人的感情投资，一句简单的问候就会让他人对你产生信任之感。当你需要帮助的时候，你平时的感情投资就会换来莫大的帮助。你希望别人怎么对你，你就以怎样的方式对别人。如果你在银行开个账户，会把你平时闲散的资金储蓄起来，以备不时之需。你储蓄的越多，你的财富就越富足。同样的道理，也可以为你的感情开个账户，为了维系你们之间的关系，而存入真诚的关怀、亲切的问候。你的感情账户存得越多，你们之间的感情就越深厚，那么你得到的回报就越多。

平时热情得体的言谈举止，哪怕是对他人的一句赞美或一个微笑，都是我们有意识或无意识地在进行着感情投资。我们付出了真实的感情和友谊，必将收获无限的感情和友谊，也会获得更多的回报。

生活中，学会关爱他人，善待他人，帮助他人，感染他人。一次真诚的探望，一束漂亮的鲜花，一条温馨的信息。看似你很平凡的举动，都将在他人的情感上引起不平凡的震撼。人是感情的动物，你在感情的账户上储蓄，就会赢得对方的信任。那么当你遇到困难时，就可以通过这种信任换来鼎力的帮助。

把功劳让给别人，你就成功了

过归己任，功让他人，彼此之间有共同承担过失的雅量，不要有共享功劳的念头，因为共享功劳彼此就会互相猜忌；可以有与人共患难的胸襟，不要有跟人共安乐的贪心，因为安乐之中彼此容易互相仇视。生活中，适时把功劳让给别人吧。

一位聪明的人总是显得很谦卑，他会把本来属于自己的功劳让给别人，嘴里还说：“我真的没有做什么，是他们的功劳。”这不但使他赢得了美名，也让他的同伙感到由衷的钦佩。平时生活中的人际交往也是一样的道理，没有谁会喜欢一个好大喜功、居功自傲的人。就算你有一点小小的功劳，也要学会把功劳归于他人，自己只是贡献了微薄之力，又何必争着要那美誉？把功劳归于他人，让他人得到赞誉和肯定，他也会对你充满感激。毕竟，一个谦虚的人总是那么受欢迎。

古往今来，有多少人为人类的发展做出了杰出的贡献，但是他们并没有为自己请功，而是把更多的功劳让给别人：或是自己的助手，或是自己的同伴，或是劳动人民。他们并没有因为自己的功劳就请赏，而是更多地觉得这就是做自己应该做的事。淡泊名利，鄙弃功名，成了他们品质高洁的显现。更多的时候，人们关注的重点不是他做了多少贡献，而是他对功名利禄的淡漠。他往往成为人们敬重的对象。

一位报社记者前来采访居里夫人，想把她的事迹报道出去。她坚定地回答："在科学上重要的是研究出来的'东西'，不是研究者的'个人'。"

对于研究出来的东西——镭，有几位朋友劝居里夫妇二人申请生产镭的专利权。玛丽·居里代表她的丈夫作出了这样的决定："不应该这样做，这是违背科学精神的。科学家的研究成果应该公开发表，不受任何限制。如果我们的发现可以获利，这只是一个偶然事件，在这上面我们不应该有什么优先权。何况镭是对于病人有好处的……依我看，我们不应当借此来谋利。"他们把这个伟大的发现交给工业界和医学界广泛利用，并不谋求任何私利。

巨额的诺贝尔奖金，对于一向清贫的居里夫人来说，非常需要，但是她并不稀罕它。而是把大量的奖金赠送给了波兰的大学生、贫困的女友、实验室的助手、没有钱的女学生、教过她的老师、资助过她的亲属。

爱因斯坦曾这样评价居里夫人："在我所认识的所有著名人物里面，居里夫人是唯一不为盛名所颠倒的人。"

一个对人类有巨大贡献的人，他一定会被载入史册，但是他却不一定能够让所有人都对他充满崇敬之情。而居里夫人就做到了这一点，当然，人们敬仰居里夫人不仅仅是因为她淡泊名利，还因为她的巨大贡献。生活中，我们并不像居里夫人那样了不起，我们的功劳也没有什么可比性。但是，居里夫人淡泊名利而受他人敬佩的道理，也在人际关系中显现出来。居里夫人不为盛名所颠倒的高洁品质被人们深深地钦佩，从这里我们学到了：一个人的谦卑会让所有人喜欢。所以，学会谦卑，有了一点功劳不应该据为己有，而是把功劳归功于他人，这会让我们之间建立友好的人际关系。

在公司中，下属总是把功劳归于上司，而上司总是把功劳归于下属。于是，下属受上司的重视，上司受下属的爱戴。显而易见的道理，把功劳归于他人，会得到他人的感激之情。什瓦普也曾说："只有那些能把机会让给他人的人才能称得上是伟大的商人。有很多商人因为只顾个人的利益和荣耀，所以不能建立伟大的事业。"所以，一位高明的领导总是把功劳归于自己的下属，一位高明的下属也总是把功劳归于上司。

卡耐基说：“如果事必躬亲，将所有荣誉归于自己，那么这种人怎么能成就伟大的事业呢？”大人物，从来不会居功自傲，他在成功的那天依然没有忘记曾经为他奋斗的人们，会聪明地把功劳归于自己下面的人。把功劳归于他们，会让他们有种满足感和成就感，以此来激发他们对成功的渴望，自然他们就会在工作上加倍地努力。

大家都知道，真正的大人物未必时刻在追名逐利，他应该尽可能地让他人有赢得名利的机会，至少他应与他人共享这种名利，这就是他赢得部下的支持和拥戴的最好办法。所以，把功劳归于他人，不但使自己显得谦卑，也给人们留下一个好印象，你就有可能获得交际中的成功。

攻心，在于找准对方的心理

孙子云：“不战而屈人之兵。”孙子认为，能够百战百胜，还不算是最高明的将帅；只有不战而使敌人屈服，才称得上是高明中之最高明者。同样的道理，在交际中攻心为上：从心理上、精神上分析对方，从而瓦解对方，达到目的。攻城为下，攻心为上。攻城即是以武力去征服，当我们需要说服别人的时候，用简单粗暴的方式往往会起到反作用，即便对方勉强被说服，也是在强力胁迫的情况下。所以，攻城是有副作用的，首先对方会反抗，不管是默默反抗，还是表面反抗，都会导致其心不向；其次，己方在攻城过程中，由于是硬功，难免有损伤，怒火伤身，急火攻心，事倍功半。

攻心，在于找准对方的心理，从外界入手，通过语言、行为来达到令人信服的目的，或将人打败的目的。攻心，主要在于心，所以在盲目行动之前一定要认真分析对方的心理，以至于能够准确“攻心”。

诸葛亮七擒孟获这个历史典故，真正展现了“不战屈人之兵”的谋略。哪怕己方武力太雄厚，迫使对方战败，但对方心依然坚定，所谓的“信服”也只是表面上的信服，等到他日羽翼见丰，便会东山再起。但是，如果是攻心为上，则大有不同。尽管前前后后经历七擒七放，但诸葛亮以自己的人格赢得了孟获的甘拜下风，这就是诸葛亮一直提倡的怀柔政策。

王平虽然一生识字不过十，但是能口授作书，还能颇有意理；不曾读过兵书，但是作战中极善兵法谋略。他在诸葛亮去世之后，巧用“攻心计”，成功平魏延。

诸葛亮北伐去世之后，按照他的遗嘱把兵权交给自己的嫡系杨仪和姜维。由于之前魏延和杨仪关系比较差，而且诸葛亮在世时，魏延一直以为自己能顺利地接班蜀汉军事，没想到非但不能接班，还需要给这两人断后。魏延非常生气，他请求费祎帮助自己夺权，后又上表杨仪造反，自己先一步班师，在路途中越想越生气，破坏了途中栈道，最后直接在南谷口安营扎寨伏击杨仪大军。

杨仪知晓情况后，命令王平出战。当前情况非常复杂，地形不利、兵力有限，后有司马懿大军追击、前有魏延伏击，王平整理思绪，当即实施两大策略：一方面先登造势，攻破魏延中军，大涨士气；另一方面先登打出自己军心，震慑住魏延大军军心，再用“丞相身尚未寒，汝辈何敢乃尔”来反间瓦解魏延和士卒的军心及二者的信任，使得魏延大军被彻底弱化，全军溃散。魏延只能接受自己和儿子等几个人逃亡汉中的命运，而后不久魏延被杨仪指使的马岱斩杀三族。

这次战役王平牢牢把握“军心”二字，先登打出自己军心，震慑住魏延大军军心，再用“丞相身尚未寒，汝辈何敢乃尔”来反间瓦解魏延和士卒的军心及二者的信任。致使魏延和魏延士卒均无脸面和信心作战，大溃而逃，魏延最后也被马岱斩杀三族。

如果想在人心叵测的现代社会中占据优势，必须努力赢得人心。争天下，胜败决定在于人心向背，所以才说“得人心者得天下”。人心则包括民心、军心、将相之心，这三者是相互联系的，缺一不可。

生活中，我们要擅长使用攻心计，使用“攻心”的技巧来打动对方，这才是最高明的技巧。比如给对方一个好的夸赞、一个好的名声，都会令对方心花怒放，将话说到对方的心坎上，将行为做到讨人欢喜的份儿上，攻心大计自然就成了。

第11章 让思想为生命插上翅膀

在生活中，我们很容易陷入思维的死角，总朝着一个方向去想，或者只去寻找那个标准答案。其实，换个思维，我们或许能获得一些自己需要的答案，这就是思维正能量。当遇到一些难以解释的情景时，不妨让思想为生命插上翅膀。

长远的眼光才能发现价值

生命就像一叶扁舟，载不动太多的物欲和虚荣，如果不想生命之舟搁浅或沉没，我们就要学会退一步，用高远的眼光看清人与事。在印度热带丛林中，当地居民是这样捕捉猴子的：在一个固定的小木盒子里面装上坚果，再把盒子打开一个小口，刚好够猴子的前爪伸进去。猴子为了取得盒子里的食物，抓住坚果，爪子就抽不出来了。

人们用这样的方式来捕捉猴子，几乎每一次都能获得成功，因为猴子有个习性，那就是不肯放下已经到手的东西。也许，看了这个故事，我们会嘲笑猴子的愚笨，但是，事实上，生活中的我们有时候也跟猴子一样，总是不肯退步，担心失去，所以，最终承受了那些本不该承受的痛苦。

杰克和麦克是好朋友，他们俩从小就喜欢画画，常常拿着笔在墙上、报纸上涂画着五颜六色。后来，在他们的要求下，父母把他们送到了美术班里学习。长大后的他们更加喜欢绘画，高考那年，杰克和麦克费尽口舌说服了父母，顺利报考美术学院。在大学里，杰克和麦克经常在一起谈论着未来，描绘着自己的蓝图，他们坚信自己会坚持下去，通过画画挣钱来让身边的人幸福。

大学毕业后，杰克和麦克开始找工作了。他们整天奔波于各家报社，希望能够成为报社的一名美术编辑，可是，各家报社的总编都以种种理由拒绝了他们的求职申请。在多次碰壁之后，杰克绝望了，本来希望通过自己的一技之长来给妈妈幸福的生活，却发现社会根本没有自己的容身之地，养活自己已经很困难了。而麦克却咬牙说：“我一定要坚持画画，绘画是我生命中不可缺少的一部分。”他毅然放弃了找工作，而是把自己关在家里，没日没夜地画着。在现实的残酷打击下，杰克开始愈加颓废了，妈妈心疼地说：“你既然那么喜欢画画，不如自己开一间画室吧。”杰克听了，心里很难受，当初是想通过找份工作继续自己的绘画创作，现在却需要自己的这份才华去养家糊口。

思索很久，杰克决定自己开一间画室，他跑去与麦克商量，却被麦克骂走了，麦克说：“绘画挣钱？你这是在亵渎艺术。”于是，杰克单枪匹马开始了创业，他从亲戚朋友手中借了十几万元，再加上妈妈的积蓄，他开了一间属于自己的画室，既教小朋友画画，又出售自己的作品。几年之后，杰克的画室成为这个城市有名的美术培训学校，他不仅还清了所有的欠债，还拥有了自己的房子、车子和存折上不小的数字，当初给妈妈许下的承诺也实现了。而麦克依然整天窝在家里画画，不过，由于麦克没有名气，所有的画都卖不出去，他成了一个穷困潦倒的画家。杰克每天教画之余，用心地专研自己的作品，也逐渐提高了自己的绘画水平，在美术界里，也成为小有名气的画家。

面临人生的窘途，麦克坚持继续画画来作为自己的工作，不肯退一步，最后，他成为一个潦倒的画家。而杰克在妈妈的建议下，果断地退一步，开了一间属于自己的画室，一边教小朋友画画，一边创作自己的作品，最后，他获得了成功，兑现了自己当初的诺言，同时，成就了自己的梦想，成为一名小有名气的画家。相比较，谁的选择更完美呢？面对人生的困境或挫折，我们要选择退却一步，这样我们才能以长远的目光着眼于未来，也才有可能获得成功。

卡耐基说，当我们无法前进的时候，退一步也是一种智慧。有时候，当我们以长远的目光去看待这些事情的时候，其实已然诞生了正能量。这与“人生不仅需要运动，还需要停止”是相通的。在通往成功的路上，若是不顾头破血流地一意孤行，最后我们可能什么都不能得到；但是，如果我们能够停下来，或者退后一步，我们会看清前方的景色，这样我们更容易获得最后的成功。

退一步，并不是懦弱的表现，而是一种智慧的策略。有时候，看似退了一步，实则向前进了一步，这才是得与失最智慧的所在。当我们向后退了一步，我们才会重新看清一些东西，或许，你注意到，有的人因负荷太重而步履维艰，有的人因欲壑难填而疲于奔命，有的人因深陷其中而难以自拔。如果我们想踏上轻松的人生之旅，请学会退一步，或者停下来欣赏路边的风景，这样我们才更有力量走完后面的路程。

史学家范晔说：“天下皆知取之为取，而不知与之为取。”得与失是互相转化的结果，这句话似乎道出了所有的哲理。生命只有两种状态，运动和停止，只会向前猛冲，而不懂得退步或减速的人，在人生的某个弯道处，一定会冲出跑道，失去更多。

错过鲜花，你将收获雨

有时候当我们认为已经失去的时候，其实只要转个弯，你会发现失去也是一种收获。在这个过程中，我们已经把负能量转化成正能量了。孟子曰：“鱼，我所欲也；熊掌，亦我所欲也。二者不可兼得，舍鱼而取熊掌也。生，我所欲也；义，亦我所欲也。二者不可得兼，舍生而取义也。”人生漫漫路上，我们总是面对着得与失的艰难抉择，得与失就如同一对生死兄弟，我们只能选择其一，有得必有失，有失必有得，这就是哲理所在。

每个人心中都有一杆秤，衡量着得与失的价值，那到底该如何选择呢？事实上，每一次成功的选择都伴随着智慧，若是缺乏思考的选择只会让我们失去更多。学会思考，让失去成为一种收获。

有一天，智者和学生一起散步，他们边走边谈论着，不知不觉间，他们走到一个贫穷落后的地区，路过一所破烂的房子，看见里面住着一对夫妇和他们的三个孩子，一家人衣衫褴褛，光着脚板，连鞋子都没有，屋里只有几件破家具。智者问那位父亲："你们为什么要在既无商业又没有工作机会的贫困地区生存呢？"男人回答："家里有一头小奶牛，可以生产一些牛奶，然后，我们在附近的城镇用牛奶换一些其他的食品，我们将剩下的牛奶制作成奶酪和酸奶，我们就是依靠着那头小奶牛生活的。"智者笑了笑，看了看房子四周，就带着学生离开了。

智者走着走着，告诉学生："我必须回去，找到那头奶牛，并把它扔下悬崖。"学生听了很吃惊，试图说服老师这是一个错误，他说："那一定会毁掉这个可怜的家庭。"智者却不为所动，而是独自离开，学生想了想，还是追上了老师，并帮助老师将奶牛扔下了悬崖，但是，那个画面却让他身心难安。

几年过去了，学生还是没有忘记这件事，他决定出去看一看，或许自己能帮助那家人做点什么，以此补偿自己当年造成的过失。他走进那个地区，却惊讶地发现一切都变了，到处都是一片富裕景象。学生感到很沮丧，那家人一定在丢失奶牛以后，被迫离开了自己的家园，这里早已易主了。学生继续走着，看见原来那户破房子所在的地方矗立着一座气派的楼房，突然，他看见了一个看起来十分面熟的男人站在门口，学生认出来了，那就是当年的父亲。学生感到很吃惊："你们是怎么摆脱困境的？"男人笑着说："几年前，我们家唯一的奶牛突然不见了，刚开始我们很震惊，但无奈之下我们只能去发展新技能，谋求新的生存方式，最后，我们就逐渐富裕起来。"接着，男人笑着说："现在看来，丢失那头奶牛是我们家最大的幸事，失去了奶牛，但我们却获得了更多。"

有时候，失去并不是一种遗憾，而是新的开始。在徘徊的十字路口，失去了某种东西，我们才能有更好的选择，而改变与奇迹才能出现，这样看来，失去恰恰是成功的开始。在生活中，到处充满了选择，有选择就意味着面临着得与失，这是必然的结果。要想有所获得，我们就需要失去某种东西，如果什么都不想失去，那我们将永远没有收获。

卡耐基说："错过花，你将收获雨。"在人生道路上，失去某种东西对于我们来说可能是一种遗憾，然而，这却是对人生的一种体验，只有失去才获得一种体验，这样想来，失去何尝不是一种获得呢？学会选择，懂得在失去中寻找，在失去中体验，在失去中获得，这样，会让我们的内心更加丰富和充实，难道这不是一种收获吗？即使是同样一件事情，不同的选择，有的人会觉得这是一种失去，而有的人则觉得这就是一种收获。之所以产生这样的差别，是因为我们的思考有所不同。

假如所有的失去是一种注定，我们再伤心难过又能获得什么呢？获得的不过是满身的疲惫，以及铺天盖地的负面情绪。这样只会让自己深陷痛苦的泥沼，再也寻找不到正能量来支撑自己。假如我们把每一次失去当成一种注定，这是没办法改变的事情，那我们心境就平和了，也在无形之中为心找到了正能量。

失去会给我们带来痛苦，这本身是一种负能量，会让我们沉浸在痛苦的深渊之中。但是，如果我们能换个角度思想，让失去成为一种收获，那就会激发出我们的正能量，这就是负能量转化为正能量的一个过程。

真正敏锐的眼光，是看在潮流之先

那些思路开阔、富有远见的人，往往可以想在人先，走在人前，而这恰恰是最能推动我们前进的正能量。在现今这个资讯时代，商机无处不在。许多白手起家的创业者，往往就是因为抓住了一个稍纵即逝的时机，从此顺利地开始了自己的“掘金”生涯。

能致富的人，思路通常放得开，眼光通常要比常人看得远。美国汽车大王亨利·福特有一次被别人问到，如果他失去了他的全部巨额财富的话，他将做些什么事情。他连一秒钟都没有犹豫，他说他会想出另一种人类的基本需求，并迎合这种需求，提供出比别人能够提供的更为便宜和更有质量的服务。他说他完全有把握、有信心在五年之内重新成为一个千万富翁。福特的话可以给我们全新的真正敏锐的眼光。

史蒂夫·鲍尔默先生是全球领先的个人及商务软件开发商——微软公司的首席执行官。鲍尔默从小就很聪明，上高中时，他的母亲带他参加全国数学大赛，他进入前十名，摇身成了数学奇才，拿到哈佛数学系奖学金，这个大奖帮助他实现了他父亲的梦想——考入哈佛。

鲍尔默1973年进入哈佛，大学期间，他曾担任校足球队队长，为《红色哈佛报》和哈佛的文学杂志工作过。获得了数学和经济学学士学位。

20年后，鲍尔默功成名就后回到底特律私人学校，在开学典礼上他送给新生的忠告是："打开你的思路，放远你的视线。"他说："因为永远有想不到的机会你没有想到，你没有看到，可是这个机会会给你带来一生惊喜的突变。"

未来是现在的延伸，未来是现在人所创造出来的，所以每一个人都可以通过现在看看大多数人在做什么，找出未来可能会有什么走向。举个简单的例子，如果你能在20年前看得出个人电脑将会成为趋势，你现在就是世界首富了。当时你没有看出来，但是比尔·盖茨看出来了，所以他是世界首富，而你不是。

日本的“电子之父”松下幸之助，是一位富有智慧、善于洞察未来的成功人物，每当人们问及他成功的秘诀时，他总是淡淡一笑，说：“靠的是比别人稍微走得快了一点。”

第二次世界大战结束后，世界恢复了新的和平。遭受战争创伤的人民，在新的和平环境里又重新燃起生活和工作的热情。睿智的松下幸之助又超前地看到“新文明”将带来世界性的“家电热”。对于“松下电器”，既是一次发展壮大难得的机会，也是一次艰巨而又严峻的挑战。松下幸之助正是凭借着“稍微走得快了一点”，大刀阔斧地进行机构调整和技术改革，从而使“松下电器”在新的挑战和机遇中得到了前所未有的发展。

20世纪50年代，松下幸之助第一次访问美国和西欧时发现：欧美强大的生产主要基于民主的体制和现代的科技，尽管日本在上述方面还相当落后，然而这一趋势将是历史的必然。松下幸之助正是把握了这一超前趋势，在日本产业界率先进行了民主体制改革。给予产业充分的自主权，建立了合理的劳资体制和劳资关系。改革了日本的低工资制，使职工工资超过欧洲，接近美国水平，并建立了必要的职工退休金，使员工的物质利益得到充分满足。劳动制度上实现每周五天工作日，这在当时的日本还是第一家。

对于大刀阔斧的改革，松下幸之助是这样解释的：“这一改革并非单纯增加一天休息，而是为了进一步促进产品的质量，好的工作成就产生愉快的假日；愉快的假日情绪会带来更出色的工作效率。只有这样，生产才能突飞猛进，效益才能日新月异。”

在一个人成大事的过程中，要想走得比别人稍快一点，必须具有超前的眼光，看到别人暂时还没有看到的利益。这样你才能赶在别人前面出手，得到更多的收获。

有时候，思维所能爆发出来的正能量是前所未有的，那是因为好的思维往往引领着我们去干一番大事业。

世界上勤奋的人难以计数，但在事业上获得成功的人却不是很多。其原因都在于并不是每个人都有卓越的眼光，都有超前的意识，能看到某个行业未来发展的轨迹。但只要你“打开你的思路，放远你的视线”，抬起头来审视前面的路，你就能脱离平凡，走在人先。

我们不必要求每个人都有前瞻性的思路，高屋建瓴的眼光，但是只要你从身边的人和事出发，往前看一点点，那就是了不起的成就了。

据一项调查研究表明，在众多亿万富翁的发家史中，那些头脑灵活，敢作敢为的人，远比那些拥有高学历却头脑死板的人更有前途。很多亿万富翁的第一桶金，都是源于头脑中灵光的一闪。

打开心灵的另一扇窗

人生就像一朵鲜花，有时开，有时败，有时候昂扬向上，有时候低头不语。其实，人生就是这样，无论你处于什么样的境地，多角度看问题，你就会发现我们打开了心灵的另一扇窗户，你会发现人生是美好的，而我们所遭遇的那些根本算不了什么。人生之路本就是一条曲折之路，当我们被绊倒的时候，应多角度看问题，打开心灵的另一扇窗，以一种积极、乐观的态度去面对人生中的一切。

半杯酒静静地在杯子中，来了个酒鬼，看了看摇摇头，说道："嗨，只有半杯酒。"过了一会儿，又来了一个酒鬼，看到以后兴奋地说："太好了，还有半杯酒。"可见，从不同的角度看问题，会让我们获得一种全然不同的心境。所以，学会多角度看问题吧，这样你会发现事情远没有想象中那么糟糕。

有四个小孩在山顶上，正玩得起劲的时候，突然，从远处窜出来一只大狗熊。第一个小孩反应很快，拔腿就跑，一口气跑了好几百米。跑着跑着，他感到身后没有人，他回头一看，其他三个孩子都没有动，他大声喊道："你们三个怎么还不跑呀，狗熊来了会吃人的！"

第二个小孩正在系鞋带，他回答说："废话，谁不知道狗熊会吃人呀，别忘了狗熊最擅长的就是长跑，你短跑有什么用？我不用跑过狗熊，只需要跑过你就行了。"这会儿，他惊奇地问旁边的小孩："你愣着做什么？"第三个小孩说："你们跑吧，跑得越远越好，一会儿狗熊跑近我的时候，保持安全距离，我带着狗熊，到我爸爸的森林公园，白白给我爸爸带回一份固定资产。"说完，他忍不住问第四个小孩："你怎么不跑啊，等死呀？"第四个小孩说："你们瞎跑什么呀，老师说了在没有搞清楚问题的时候，不要乱作决策，不要乱判断，需要做调查。狗熊是不会轻易吃人的，你们看山那边有一群野猪，狗熊是奔着野猪去的，你们跑什么呀？"

面对"狗熊来了"同一件事，不同的小孩有不同的思维方式，而每一种思维方式都比前一种考虑得更周到。事实上，当我们试着多角度看问题的时候，你会发现狗熊并不是冲你来的，内心那些恐惧和忧虑是多余的，完全没有必要，生活依然是美好的，我们完全可以放下心中沉重的包袱。每一个人眼中都有一个与众不同的"小宇宙"，不同的人在各自的"小宇宙"中发现着不同的色彩，演绎着各自的人生。

有时候，我们凭着传统的思维来解决问题，常常感到无所适从，谁知，机会往往会在你犹豫不决时悄然离去。如果我们都能像案例中第四个小男孩一样，跳出常规思维，多角度去思考和解决问题，用一种全然不同的思路和方法去解决问题，可能就会有豁然开朗的感觉。多角度看问题，我们常常会获得意外的惊喜。

曾经听过这样一个故事：有个老太太有两个儿子，大儿子卖伞，小儿子刷墙。于是，老太太天天提心吊胆，闷闷不乐，因为晴天的时候，她担心大儿子的伞卖不出去，下雨的时候，她又开始发愁小儿子没法刷墙。后来，一位智者告诉他："要多个角度看问题，你想想，下雨的时候伞卖得最多，天晴的时候刷墙正好，什么时候都不会错的。"老太太听了，笑逐颜开，从此再也不用担心了。

老师在黑板上画了一幅画，白纸中画了一个黑色圆点。老师问学生："你们看见了什么？"全班同学一起回答："一个黑点。"老师说："你们只说对了一部分，画中最大的部分是空白，只见小，不见大，就会束缚我们的思考力，许多人不能突破自己，原因就在这里。"很多时候，传统的思维定势会束缚我们的想象力，而多种角度看问题，我们可能会有新的发现。

在现实生活中，许多事情多个角度或者换个角度，你就有了不同的心情，不同的答案。多个角度看问题，我们要有推翻成见的勇气和别出心裁的智慧，即使在黑暗的峡谷，我们也会沿着光走出来，你会有一种豁然开朗的感觉。

金点子，拥有点石成金的力量

每一个年轻人都需要锻炼自己的头脑，扩展了自己的眼光